伊恩·斯图尔特 数学游戏全集

Turning Tables and the Monopoly

搬桌子 与 大富翁游戏

Math Hysteria:
Fun and Games with Mathematics

【英】伊恩·斯图尔特 ◎ 著
谈祥柏 谈 欣 ◎ 译

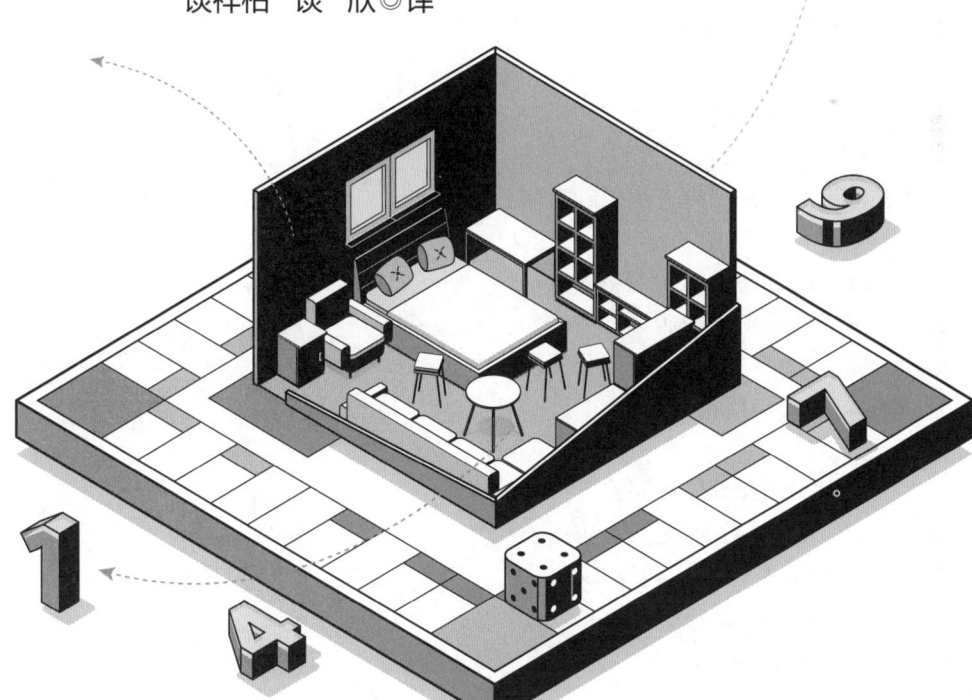

上海科技教育出版社

图书在版编目(CIP)数据

搬桌子与大富翁游戏/(英)伊恩·斯图尔特著；谈祥柏,谈欣译. -- 上海：上海科技教育出版社，2025.6. --（数学桥丛书）. -- ISBN 978-7-5428-8403-9

Ⅰ．O1-49

中国国家版本馆CIP数据核字第2025S02R39号

责任编辑　卢　源　李　凌
封面设计　戚亮轩

数学桥丛书
伊恩·斯图尔特数学游戏全集
搬桌子与大富翁游戏
[英]伊恩·斯图尔特　著
谈祥柏　谈　欣　译

出版发行	上海科技教育出版社有限公司
	（上海市闵行区号景路159弄A座8楼　邮政编码201101）
网　　址	www.sste.com　www.ewen.co
经　　销	各地新华书店
印　　刷	上海中华印刷有限公司
开　　本	720×1000　1/16
印　　张	11
版　　次	2025年6月第1版
印　　次	2025年6月第1次印刷
书　　号	ISBN 978-7-5428-8403-9/N·1257
图　　字	09-2021-0935号
定　　价	46.00元

致　谢

感谢以下公司与个人,同意本书作者使用其图片

图 7.10　选自《美国数学月刊》(*American Mathematical Monthly*),作者与出版单位同意转载。

图 7.1,7.2,7.5,7.6,7.7(a),7.7(b),7.7(c),7.9,7.10,7.11(a),7.12,7.14(b)　选自弗雷德里克森(Greg N. Frederickson)所著的《平面与虚构图形的分割》(*Dissections: Plane and Fancy*),1997年由剑桥大学出版社出版,作者与出版单位同意转载。

图 7.4,7.11(b),7.14(a)　选自《消遣数学》(*Journal of Recreational Mathematics*)杂志,作者与出版单位同意转载。

图 7.7(d)　选自《消遣数学杂志》(*Recreational Matheniatics Magazine*),作者与出版单位同意转载。

前　言

　　大约16岁时，对我来说每个月最重要的事情之一便是阅读《科学美国人》(Scientific American)杂志上马丁·加德纳的"数学游戏"(Mathematical Games)专栏。每一篇文章里都有一些新内容足以引起我的注意，不但数学味道十足，而且还很有趣。我有幸遇上了一些出色的数学老师，他们让我懂得，数学里头大有乐趣可享，它并不是雕刻在石板上的硬邦邦的东西。马丁·加德纳的专栏文章加强了这些信念。即使专栏文章是讲游戏的（后来，我不知道什么原因，专栏改名为"数学消遣"(Mathematical Recreations)，听起来就有点乏味了），却依然有丰富的"严肃"数学混杂在趣味之中。

　　也许可以公正地说，马丁·加德纳的专栏文章是使我最终成为一名数学家的一大原因。我始终保持着对数学的兴趣，并意识到其中存在着足够的空间来接纳新概念与创造性思维。与大多数同行的专业人士不一样，我从来不屑于去干那种傻事：把数学的"严肃"面貌与它的"有趣"表现强行剥离。我并不是没有看到它们之间的差异，我只是认为不必把这种事情看得过于严重。对我来说，至关重要的是数学，我喜爱数学工作，也喜爱数学游戏，从未感到有把它们区分开的必要。

在名著《数学巨著》(The Colossal Book of Mathematics)中,马丁·加德纳曾经坦言:"我同《科学美国人》杂志漫长而愉快的合作关系开始于1952年,当时我把一篇逻辑机发展史的文章投给了他们。"他马不停蹄地给他们工作了25年之久,终于决定要离去干点别的活儿了,于是他的专栏成为群雄逐鹿之地。普利策奖的得主,名著《哥德尔、埃舍尔、巴赫,一条永恒的金带》①(Gödel, Escher, Bach, an Eternal Golden Braid)的作者霍夫施塔特(Douglas Hofstadter)是第一位继任者,他将专栏改名为"元魔法娱乐"(Metamagical Themas),这个名称颇具巧思,在英语中实际上是"数学游戏"这一词组的字母重组。下一个继任者杜德尼(A. K. Dewdney)是《平面宇宙》(The Planiverse)的作者,他接手之后专栏再次改名为"计算机消遣"(Computer Recreations)。就在那时,数学专栏的主宰者决定给我一个加盟唱戏的机会,尽管还要经过一些时日这位主宰者的干预才会显现出来。

启动这一切的是法国人。《科学美国人》杂志被翻译成超过12种文字,其中就有法文。其实,"翻译"这个字眼并不确切,因为每种外文版

---

① 1990年代曾出版过中译本,但内容并不完整,有删节。——译者注

都收录了该国自己的材料,原杂志所刊文章有时候会从一个月移到另一个月,甚至干脆不登。法文版的刊名叫《为了科学》(Pour La Science),主编布朗热(Philippe Boulanger)对数学情有独钟,希望在刊登替代物"计算机消遣"的同时,继续保持"数学消遣"的专栏。于是,他说服了几位法国数学家,要求他们向该专栏提供稿件。就这样维持了几年,直至供稿最多的那位专家决定不干为止。一系列的偶然事件导致我受邀接手此事,对此,我当然是非常乐意的。我的第一篇专栏文章出现于1987年9月。数年之后,该专栏逐渐扩展到杂志的德文、西班牙文、意大利文及日文版。1990年12月,即"计算机消遣"改回原来的专栏名称"数学消遣"之后数月,我终于接任了在美国本土出版的母刊的操刀手。

我与《科学美国人》杂志同样有着长期、融洽的合作关系,11年间写了96篇专栏文章。我还为法文版《为了科学》杂志及其他译文版本提供了57篇稿件,其中一部分是在我为母刊工作之前的四年间撰写的,另外那些文章则让原先在美国的双月专栏居然在法国办成了每月的。有些专栏文章已结集成书出版,这一传统也是从加德纳先生开始的,其中英文版有《游戏、集合与数学》(Game, Set and Math)[①],《让人着迷

[①] 本书中文版将原书一拆为二,即本系列的《无穷大与衔尾蛇》《奇偶把戏与帕形卡分形》。——译者注

的数学问题》(*Another Fine Math You've Got Me Into*)[①]。书名中用的是"Math",在美国它比"Maths"更常见,因为我们的杂志名叫《科学**美国人**》(也有以法文或德文形式结集出书的)。最后,我希望每一篇专栏文章都能至少——最好也是至多——出现在一本书里。《搬桌子与大富翁游戏》是该规划中的下一步,结集了以前没有在书中收录过的10篇文章。

马丁·加德纳是一位别人无法照搬的典范。他的继任者中没人有希望重复神奇的加德纳模式,我可以满有把握地肯定,我们中间没有一个人曾经尝试过。我知道我不会这样做。我们想要做的主要是恢复与重演本专栏的精神:用一种嬉笑、幽默的心态来阐述重要的数学思想。3000多年以前,古巴比伦的数学老师们就通过在他们的楔形文字课本中编入趣题来引起学生们的注意。古埃及人的做法也相差无几。我真怀疑是希腊人颠覆了这个好传统。由于过分强调高素质文明,从而开创了一个截然相反的传统:用严肃的、一丝不苟的、形式化的框架来阐述数学。我不免要责怪欧几里得及其徒子徒孙,他们把数学搞得如此笨重与机械,到处打着"有章可循"的记号,说什么定理46的陈述

[①] 本书中文版将原书一拆为二,即本系列的《瓷砖与缠结的数学》《树神与冒险的生意》。
——译者注

17来自引理25,陈述18来自命题12,如此等等。我并不反对证明,但要适时适地,而数学想象力的早期发展与之毫无共同之处。

  本书的章节安排事前并未作过特定部署,你几乎可以从任何一处进入开始浏览,不过,用来解释"大富翁"游戏的有关概率论的两章自成一个小小的完整体系,最好放在一起读。书中涉及的课题范围很广,从逻辑诡辩("我知道你晓得")、奇妙数字("数数太阳底下的牛")、几何学("双向拼图趣题"),到一些比较高深的课题,其中包括最优化("下水道大窃案")。有一些内容是联系生活实际的:"拟人化原理"一章中揭示了在可感知的世界里吐司落下时何以总是涂黄油的一面接触地面。

  应当向漫画家盖莱尔(Spike Gerrell)道一声谢。不,何止一声,喷涌而出的感谢委实太多,根本无法用文字表达。在他笔下,发狂的母牛、可笑的海盗、困惑的僧侣等极大地美化了本书。盖莱尔能紧抓书的精髓,其洞察力与准确性令我备感惊讶。另外,也要感谢牛津大学出版社及其出版、编辑、技术编辑团队,以及所有让一个模糊的概念转化成为一本完整书籍的其他相关人员。

  最后,我必须承认,有大量"严肃"数学混杂在趣题与游戏之中——其中最炫人耳目的例子已经抽出来,完备地装进"盒子",你们不会有任何被欺骗之感。现在,你们尽可以放心地认为,当你们潜心思索阿基米德牛群的怪异行径时,其实也正是在钻研数论的基本原理。尽管如此,我并不好为人师,打算**教**你们什么东西。我只是在人类的一项重大发明——数学中提取一些样品供你们鉴赏而已。

伊恩·斯图尔特

2003年6月于考文垂

目 录

第1章 我知道你晓得 / 1

第2章 多米诺理论 / 15

第3章 搬桌子 / 35

第4章 拟人化原理 / 49

第5章 数数太阳底下的牛 / 63

第6章 下水道大窃案 / 77

第7章 双向拼图趣题 / 97

第8章 一个被忽视的数的传奇 / 113

第9章 "大富翁"是公平的游戏吗 / 123

第10章 再探"大富翁"游戏 / 141

进阶读物 / 157

第 1 章
我知道你晓得

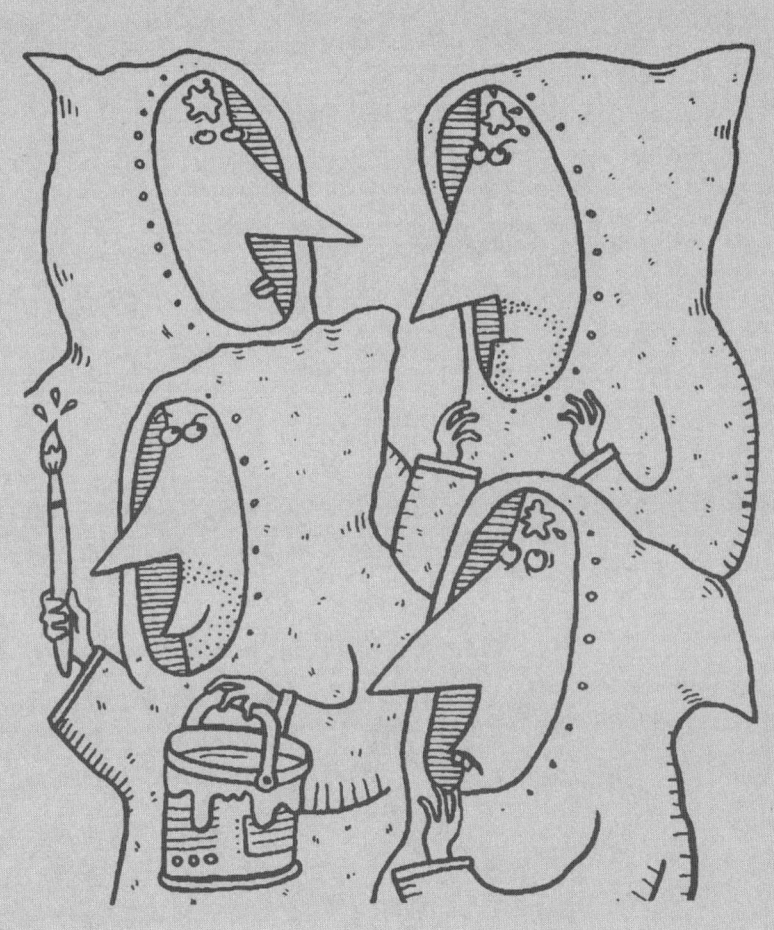

有时候，仅仅知道某件事是不够的——你还必须知道别人晓得了什么，或者他们知道你知道他们晓得……这些考量导致了"共有知识"的概念，并且造成了差异。某些事物一旦成为共有知识，就有可能据此对别人的推理作出一些推测。

遵守着一套清规戒律的彬彬有礼的僧侣们喜欢在彼此之间耍弄一些逻辑把戏。有一天晚上,当阿切博尔德与本尼迪克特两位修士睡在他们的房间里时,另一位修士约拿偷偷摸摸地潜入寝室,在他们剃度过的头顶上各涂了一个蓝色的斑点。两人醒来以后,当然各自都看到了另一人头上的斑点,但由于他们很有教养,什么话都没有说。不过,每个人还是隐隐约约地怀疑自己头上会不会也有一个斑点,但由于有教养的关系谁都没有发问。此时,不够圆滑、机智的另一位修士芝诺进来了,咯咯地发出了傻笑。当他被询问时,他恢复了自己的教养,只说了一句话:"你们中间至少有一人的头上有一个蓝色斑点。"

当然,两位僧侣都知道这一点。后来,阿切博尔德开始推想。"我知道本尼迪克特有一个斑点,但他自己不晓得……那么,我的头上有没有斑点呢?好,假定我头上**没有**斑点,那么,本尼迪克特自然会**看到**我没有斑点,于是就会立即从芝诺的话里推论出**他**的头上必然有一个斑点。然而,他丝毫没有显露出困扰的形迹——啊呀,这意味着我的头上肯定也有一个斑点。"此时,他的脸上开始泛红。几乎在同一瞬间,本尼迪克特根据同样的推理得出了同样的结论。

　　倘若没有芝诺的那句率真的话,兴许上面的一系列思维就根本不会启动,尽管从表面上看,芝诺并没有告诉他们任何之前并不知道的信息。

　　如果有三位僧侣,结果会更加令人困扰。这一次,阿切博尔德、本尼迪克特与西里尔睡在他们的寝室内,约拿在三人的头上各涂了一个蓝色斑点。他们醒来之后,每个人再次瞧见了别人的斑点,但什么话都没有说。此种可想而知的僵持终于被芝诺的惊人话语打破了,他说:"你们中间至少有一人的头上有一个蓝色斑点。"

　　于是,这句话促使阿切博尔德进行了如下思考。"假定我头上没有斑点,那么本尼迪克特看到了西里尔的斑点,而没有看到我的,于是他可以自问是否自己有一个斑点。他可以作出如下的思考:'假使我本尼迪克特头上没有斑点,那么西里尔将看到阿切博尔德与本尼迪克特都没有斑点,从而可以立即推断出他自己头上必有斑点。西里尔是一位出类拔萃的逻辑学家,又有充裕的时间用于推理,然而他却始终无动于衷,因此我本尼迪克特头上必然有一个斑点。'现在,鉴于本尼迪克特也是一位优秀的逻辑学家,又有足够时间可以把这些推测思考出来,可是他却保持缄默,由此可见我阿切博尔德头上**必定**有一个斑点。"此时,阿切博尔德脸上开始泛红,本尼迪克特与西里尔也与他一样,他们的推理方法几乎完全相同。

　　类似的论证也适用于四位、五位乃至更多的僧侣——暂时仍假定所有这些人的头上都有斑点。他们的推理将变得更加复杂,但不管有多少位僧侣,"你们中间至少有一人的头上有一个斑点"的这一宣告无疑触发了一系列连锁反应,从而导致所有的僧侣得出结论:他们自己头上有斑点。当僧侣人数变得很多时,引入某种计时装置是有帮助的,这可以用来同步他们的考量,在我们开始整理将要发生的情况时,我将引入一个这样的装置。如果并不是每个僧侣的头上都有斑点(有些人有,有些人没有),同样也会引发错综复杂的推理。以后我会回过头来加以讨论。

　　类似的趣题为数不少,例如:脏面孔的孩子、戴可笑帽子的聚会常客、拥有连续正整数编号但不知道谁的数较大的两个人,甚至还有一种相当非PC①的版本——岛上居民的婚姻不忠问题。所有这些问题都很令人困惑,因为整个过程的触发都是由于有人宣布了一件人人皆知的事实。不过,在你开始分析究竟发生了什么情况时,就会明白那样的宣告实际上带有新的信息。通常很有用的随口之言,在这个例子中隐藏着后续的推理进程。

　　让我们返回到只有两位僧侣的第一个例子。芝诺宣布了"你们中间至少有一人的头上有一个蓝色斑点"之后,僧侣们究竟知道了什么呢?阿切博尔德知道本尼迪克特头上有斑点,本尼迪克特知道阿切博尔德头上有斑点,但这些事实是不相同的。当阿切博尔德听到芝诺的话并认为他已经知道那个情况时,他心目中的"某人"是本尼迪克特,而本尼迪克特听到芝诺的话并认为他已经知道那个情况时,他心目中的"某人"却是阿切博尔德。这根本不能算是同一句话。芝诺的宣告不光是告诉阿切博尔德某人头上有斑点,它还告诉阿切博尔德,本尼

---

① PC:在此意为"政治上正确"(politically correct)。——译者注

迪克特现在也知道某人头上有斑点了,而这是同一个"某人"。由此可见,芝诺的话虽然没有在阿切博尔德已知的内容上增添什么新东西,但它确实告诉了阿切博尔德有关本尼迪克特所知晓内容的某些新的信息。

这一类逻辑难题通常被称为"共有知识"趣题,它们全都依托于同样的技巧。重要的并不是语句所涉及的内容,而是以下的事实:每个人都知道别人也晓得它。一旦这个事情成了共有知识,就有可能推测别人对它的反应了。

搬桌子与大富翁游戏

问　题

1. 假定现在有100位僧侣,每人头上都有斑点,各自却都不知道自己也有这回事,而且人人都是非常机敏的逻辑学家。为了与他们的思维取得同步,设想寺院方丈有一只铃铛。方丈宣称:"每过10秒钟,我会摇一次铃。那将使你们获得充裕的时间来进行必要的逻辑推理。听到我的铃声以后,你们中间如果有谁能推断出自己头上有斑点,就立即把手举起来。"方丈说完后的足足10分钟之内,除了他反复的摇铃声外,全场没有任何其他声音,什么事情都没有发生。"噢,我真是笨啊。我忘记了——还有一个额外的信息。你们中间至少有一个人的头上有一个斑点。"这回,摇了99次铃都太平无事,第100次铃声响过之后,所有100位僧侣同时举起了他们的手。为什么?

以上所说的,就是"数学归纳法"的一个实例,它断言:如果整数 n 的某个性质在 $n=1$ 时成立,而且不管 n 是几,如果该性质对 n 成立时可以推出它必然对 $n+1$ 也成立,那么这项性质对**所有**的 n 都将成立。

到目前为止,我都是在假定每个僧侣的头上都有一个斑点。不过,按照类似的推理手段,你可以让自己确信,这并不是一个必要条件。不妨举一个例子,设想100名僧侣中只有68人头上有斑点。于是,按照完善的逻辑推演,在第68次铃声响起之前什么事情都不会发生,而在这一关键时刻之后,头上有斑点的人都会同时举起手来,但其他人却纹丝不动。

共有知识趣题已被人们广泛研究过,在盖尔(David Gale)所写的一篇论文中可以找到一些有用的资料(参见"进阶读物")。数学气息最浓厚、影响最广泛的例子是由康威(John Conway,美国普林斯顿大学)与佩特森(Michael Paterson,英国沃里克大学)发明的。设想有一个狂热数学家的茶话会。每个赴会者头上戴一顶帽子,上面写着一个数。这个数必须大于或等于零,但不一定是整数。另外,必须有一些人写的数是非零数。通过巧妙安排,没有一个人能看到自己的数,但可以看到任何一个其他人的数。

下面要说的是共有知识。钉在墙上的是一张数的表格,其中有一个数就是所有参与者帽子上的数的总和,但无人知道正确的总和究竟是哪一个。最后,还要假定表格上的数的个数要小于或等于玩此游戏的人数。

每过10秒钟,铃声响起,凡是猜出自己帽子上数的人(也就是知道正确总和的人,因为每一个人都能清楚地看到别人的数)**必须**当众宣布。康威与佩特森证明了,基于完善的逻辑推演,最终必然有人能作出这种宣告。

初看起来,这是令人生疑的。作为例子,设想有三个玩家,每个玩家的帽子上写着2这个数,而钉在墙上的表格里有三个数:6,7,8。每个玩家可以从别人的帽子上算出部分和2+2,因而自己的帽子上写的数一定是2,3或4。于是,每一个其他玩家看到的必定是2+2,2+3或2+4这三种情况之一,即6,7,8这三个总和都是可能的(要记住,某些玩家的帽子上所写的数可以是零,但不能全体皆为零)。因此,没有一个总和可以排除。然而,应当感谢及时响起的铃声,玩家们可以从以下事实进行推断:别人还不知道他们自己帽子上的数。在每次铃声之后,总会有一些数的集合被排除,从而导致康威与佩特森所得出的出人意料的结论。

为了使读者们切实了解上文所说的内容,不妨来考虑只有两个玩家的情况,并设想钉在墙上的表中只有两个数6与7。他们帽子上的数尚属未知,可设为x,y。两个玩家都知晓的是$x+y=6$或$x+y=7$。现在让我们利用一些几何知识。满足上述两个条件的点(x,y)的全体显然是第一象限中的两条线段[见图1.1(a)]。

如果x或y大于6,那么第一次铃声响起时游戏就会结束,因为另一个玩家能马上看出总和6是不可能的。对应于这一情况的点(x,y)如图1.1(b)所示。(这里有一件事需要小心:位于所标线段两端的点$(1,6)$与$(6,1)$是**不能**排除的。也就是说,在由粗线表示的被排除的线段中,

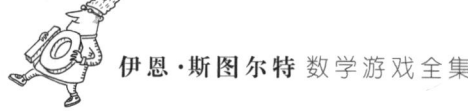

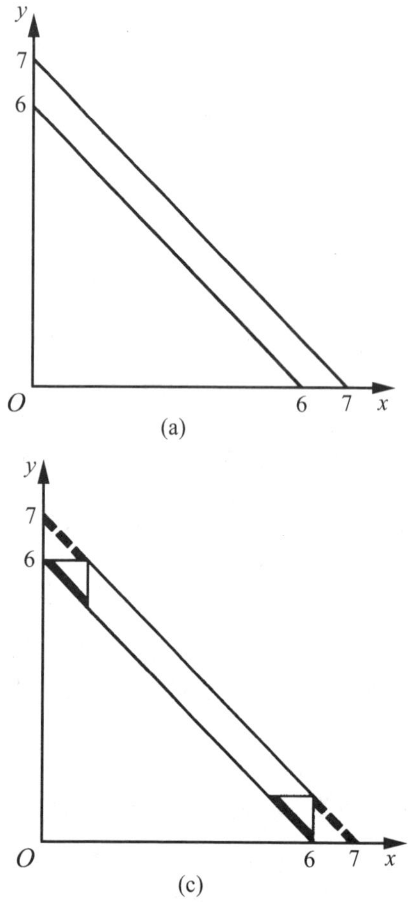

图 1.1

(a) 两条线段对应帽子上可能的数;(b) 如果帽子上的数落在图中由粗线所表示的线段上,则游戏在第一次铃声响起时即宣告结束;(c) 如果帽子上的数落在这些粗线段上,游戏将在第二次铃响后终止;(d) 沿着平行线之间的两条"阶梯"持续行进,我们可以确定帽子上写的数能持续到几次铃响(铃响的次数标在图上相应线段边,每条线段都不含靠近斜线中部的保留端点),对本例来说,最大的铃响次数等于8

必须保留靠近斜线中部的两个端点。)如果第一次铃声响过后,两个玩家都没有反应,那么这些可能性就都排除了。当 x 或 y 小于1时,游戏将在第二次铃声鸣响后中止。这是什么原因呢?另一个玩家看到帽子上的数小于1,而且知道两人各自的数小于或等于6,从而总和7被排除。导致游戏在第二次铃声响起后终止的点如图1.1(c)所示。随着这一系列推理过程的延续,使游戏在给定铃声响起时结束的点将会形成两条"阶梯"状的相继斜线段,其中一条由左上方下降,另一条则自右下方上升,如图1.1(d)所示。这些斜线段很快耗尽了各种可能性。事实上,本游戏在第八次铃响后必定会终止。(由于存在我在上文提及的保留端点,点(3,3)需要八次铃响。其他各种可能性都只需要七次或七次以下铃响。)

同样性质的论证适用于任意含两个玩家的数表,我们还可以算出最多需要八次铃响才能使游戏终止。对更多个玩家的游戏也可以得出类似的结论,证明极其简单,但在数学上高度成熟,欲知其详,请查阅盖尔的论文。

问 题

2. 今有三个玩家,每人的帽子上都写着数2,墙上的表列出了6,7,8。每过10秒钟,铃声响一次,凡是猜出自己帽子上数的人,马上当众宣布,铃声响到第几次时,会有人猜出自己的数字?

答　案

1. 逻辑推理的要点大致如下。比如说，编号为100的僧侣看到其他99人头上都有斑点。于是他想道："如果我头上没有斑点，那么其他99人都是知道的。于是我将不被计算在内。他们会进行除我之外的涉及99名僧侣的一系列推演。倘若我整理出的99名僧侣的推演逻辑正确，那么在第99次铃声响过之后，他们都将举起手来。"他于是耐心等待第99次铃响，然而什么事情都没有发生。"啊！这么说来我的假设错了——我的头上必然有一个斑点。"第100次铃声一响他就马上举起手来。对于其他各位僧侣，也可作同样的推演。

99名僧侣的推演逻辑（其基础为，假定100号僧侣头上没有斑点）与上面是一回事：99号僧侣期待其他98名僧侣都在第98次铃声响过之后同时举手，**除非**99号僧侣头上有一个斑点。依次类推，采用递归式推理，直至最后缩减到只有一

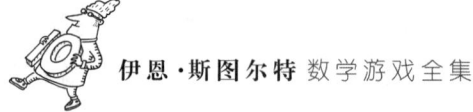

名僧侣,他在别人头上都看不到斑点,但又惊讶于至少有一人的头上有一个斑点的宣告,于是立即推测出有斑点的人必然就是**他自己**,从而在第一次铃声响过后就举起了他的手。

2. 聪明的你将会发现,在前面14次铃响后什么事情都没有发生,而在第15次铃响后,所有三个玩家都宣布:知道了自己帽子上的数。

第 2 章
多米诺理论

世界上的事情，不管你试过多少次均以失败告终，都并不能证明它是不可能的。这只是表明，你不知道怎样去做而已。要证明事情的不可能性，你必须把获得解答的一切尝试统统排除在外。有一个好办法可以做到这一点：找出一个不可逾越的障碍物——一个"不变量"。有时，你只要引入几种颜色，清点一下数目，就能轻而易举地找到这种不变量。

脾气火爆的石雕工匠"劈岩人"洛克纳德森向他的学徒内德抱怨现在生意很不景气。

"你再说一遍。"内德回应道。

"内德,生意太清淡了。"这位方碑公会会长对任何事情都是不加掩饰,说起话来直来直去,"如果我们不马上拿到一笔佣金的话,我就只好收起凿刀,接受我叔叔'猪倌'霍格特洛德森为我提供的养猪工作了。"

内德正漫不经心地凿着一个儿童玩具石偶,"洛基①,现在是大萧条时期,没有人来买东西。石业市场已经触底了。不要说大车了,你现在连一辆独轮车都卖不出去。有一天,我听到摩洛神②摩洛克森在诉苦,什一税③再次下降了,祭司们的收入只够买到为数极少的公羊,以便在冬季来临之前向雪神姆加斯基上供。"

洛基摸了一下大鼻子,屈曲着宽大的二头肌,"我叫你买一份《滚

---

① 洛基是洛克纳德森的昵称。——译者注
② 摩洛神是古代腓尼基人所信奉的火神,以儿童作为供品。——译者注
③ 早期欧洲教会向成年教徒收的宗教税。——译者注

石报》,你买了没有?"内德把一大块圆形石灰石板丢到了他的脚下。洛基把它捡起,阅读着刻在石板上的字。"那些小广告里头兴许有点信息可以派上用场。呃……助理培训员……波格镇的害虫防治专员最近退休了……招聘7位未婚女子从事某项工作,条件是愿意前往外地……啊!招请承包奎格维尔镇商贸市场的修复工程!内德,我要留在这里检查绑扎大头锤的皮带,你给我到那边去跑一趟,看看他们需要做些什么。"

两天后,内德回来了。

"有什么好消息吗?"

"奎格维尔镇商贸市场是用大石板铺起来的,洛基。它们一共有64块,每块大约10英尺①见方,排列成8×8的网格形式。原先的石板开始出现裂缝。他们想把全部石板挖出来再重铺。"

"好极了!这可是一笔大生意!"

"且慢!他们是有条件的。主要的一条是,这次他们不打算用方形的石板重铺。镇上的祭司们认为,正是这个原因导致了石板的开裂。"

"废物!十足的祭司作派,一天到晚念叨着什么形状啦、数目啦,沉迷在愚蠢的数字命理学家的智力糟粕里出不来……我百分之百地了解所发生的一切。'平地者'乔克霍克森在铺设那些石板时使用了劣质材料,后来又遇上了霜冻。"

"祭司们说,它们开裂的原因是正方形恰为霜魔弗罗索的印记。"

---

① 1英尺约等于0.3048米。——译者注

洛基闻言,显得十分惊讶。"是这样的吗？我还以为它是洞穴怪格纳什芳的印记呢。"

"那也没错,"内德承认,"不过,你要晓得,不可能有那么多印记,不够分的。正方形是一个人所共知的符号。格纳什芳与弗罗索分享了它,他们轮流交替着用。"

"噢,"洛基想了一会儿后回答,"这样看来,祭司们也许说对了。"

"究竟对不对,要看星期二是否下霜来定。但是不管对不对,我劝你不要去同祭司们争辩。除非你能控制住不动肝火。正方形板已经过时了,他们打算改用多米诺骨牌形的。"

洛基眼珠一动不动地盯着内德,像是一个人瞧见了什么滑溜溜的东西从石头缝里爬了出来的样子。"内德,请告诉我,这个名字那么邪恶的'多米诺'究竟是什么东西？"

"洛基,那只是粘在一起的两个正方形。"

"那么,他们为什么不这样说？为什么不说清楚他们要的是个双胞胎状的东西？为什么要故意去用一个'多米诺'那样的怪名字？"

"我要知道就好了！"内德边说边躲开了洛基踢过来的一脚。他的脸色一沉,说道:"洛基,也许有一个问题。改用多米诺形石板,可能无法正好铺满。"

"当然能正好铺满啰！凡是原先用两块方石板之处,你用一块多米诺形石板去覆盖就行了！"

内德皱了皱眉头。"是的,但这仅当正方形的总数为偶数时才可行。每块多米诺形石板可以覆盖**两块**方石板。如果你从奇数号方石

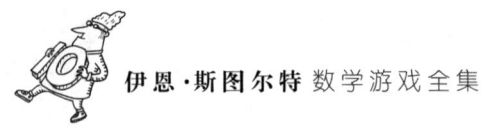

板开始铺,那最后就会有一块正方形剩下来。"

洛基叹了口气。"内德,你不是说有64块方石板吗,64是个偶数啊!"

"它是吗?"

"是的,只要石板按水平方向铺设,整个市场要用的石板块数当然是个偶数。"

"啊,对了。"内德心烦意乱地摸了摸鼻子,"呃,我想我应该提一提歌革和玛各①两位尊神的塑像了。"

洛基一听此言,光火得直跳脚。"塑像?什么塑像?"

"我忘记提他们了。祭司们发现第一块石板开裂以后,为了掩盖这件事,他们在原处竖立了歌革的塑像。其后不久,另一块石板又开裂了,于是他们又相应树起了玛各的塑像。每个塑像的底座都有着同方石板一模一样的形状与大小。因而,那里现在不是64块方石板了,而是……"

"62块。"

"是啊,说对了。呃,那是个偶数吗?"

洛基开始扳起手指头来算,但要不了多久就错得离了谱。"内德,说句老实话,现在我脑子里是一片空白。"

"洛基,在我们把姓名刻到法律文件上之前,你还是要先确认一下。惩戒条款可是明文规定的。"他等候了足足20分钟,洛基一直在那

---

① 歌革和玛各是《圣经》中预言的黑暗力量统治者,同时也是伦敦城的守护者。——译者注

里咒骂是哪个笨蛋出的点子,要在地方政府的合同上写明惩戒条款,在此过程中,内德一下子学会了73个新的赌咒发誓字眼。"如果新的石板不能适用,请老天爷罚我在硫磺矿井里做10年苦工。"洛基补充道。然后,新一轮咒骂又开始了。最后,洛基停下来喘了口气,内德紧紧地抓住了这个机会:"洛基,凭我们自己的能力是解决不了的,我们需要一位行家来指点。"

"你心目中有谁?"

"斯尼奇斯威舍①!"

"愿上帝保佑你不要被魔鬼抓去。"

"不,我没有打喷嚏,你这个傻瓜!我说的是斯尼奇斯威舍,威什斯尼奇斯的女儿!"

"得啦,你又来了。噢,那个女人!你的那位住在死猫沼泽地的数字博学家朋友。"内德点了点头。"想法不错啊,我的徒弟。我们确实需要一位行家。对于这类事情,我们现在已经智穷力竭了。"

他们到达时,斯尼奇斯威舍正在为她的束腰外衣缝制崭新的灰鼠皮饰物。洛基解释了他们的问题,她听过以后,发出了一声讥讽的冷笑。"你给我送来了一件好差事啊。有些事情的方方面面对外行人来说是很难搞清楚的,想必你们已经陷入困境。首先,尽管62的确是个偶数……"刚说到这里,她就被打断了,因为洛基与内德两人开始争执谁先猜对62是个偶数,谁持反面看法。"即使方石板数是个偶数,但光凭这一点还不够。"

---

① 该词发音类似打喷嚏,故有下文。——译者注

"还不够?"

"不够。有一个更微妙的奇偶性问题。它是一个古老的数字诡辩问题。不妨举个例子。假定两个对角处的方格被拿走[见图2.1(a)]。剩下来的62个方格能否用多米诺骨牌来覆盖呢?"

"这个问题把我难住了。"洛基说。

内德说:"应当可以吧,有充分余地可以来试验不同的安排,而且不可能只剩下一个方格。"

"你说得没错,但有可能剩下两个方格。"斯尼奇斯威舍在小屋的角落里头翻寻,找出了一个棋盘,上面画着纵横64个方格,还有一盒子矩形木片,每块木片的大小正好能够覆盖两个相邻的方格。她在两个对角方格中分别放了块鹅卵石,对内德说:"你来试试。"

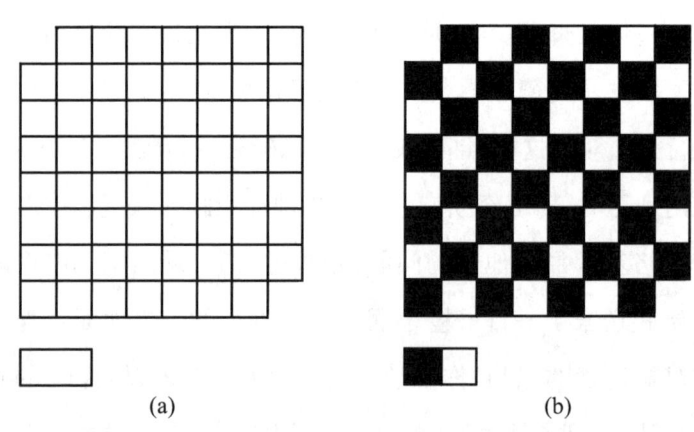

图2.1

(a) 去掉两个对角方格的8×8方格阵。你能用31块多米诺骨牌把它覆盖吗;
(b) 如果照着国际象棋棋盘将方格阵涂上黑白两色,则有32个黑格,30个白格。但是每块多米诺骨牌只能盖住一个黑格和一个白格。所以必将有两个黑格没有被盖住

内德开始玩起覆盖方格的游戏。洛基悄悄挨近斯尼奇斯威舍,询问她棋盘与木片是用来干什么的。她答道:"我打算做一个游戏。棋盘代表一条河流,你必须用这些木片在棋盘上搭出一座拱桥,但不准重叠。我准备称这个游戏为'搭桥'。"

"这个不会流行起来的,不能用这种名字。"洛基说。

内德用拳头猛敲桌子,他遇到了严重挫折。"它们根本配合不上!我已试过几十次了,没有一次成功的!"

斯尼奇斯威舍微微一笑,"内德,你永远试不成功的。请把你的注意力转到黑白两色的方格上去[见图2.1(b)]。"

"样子很好看。"

"是啊,我把它称为'查对'。"

"为什么叫这个怪名字?"

"因为当你画好之后必须仔细地查对一下以防出错。我用木炭画黑格子,至于画白格子的材料则是浸泡在致命颠茄里的葛粉。"

"为何不用白垩?"

"真是个好点子,内德!我竟然从未想到可以用白垩来书写。想象一下,书写时用的是白垩岩而不是烧焦的木棒!闲话休提,如果你将一块多米诺骨牌放在棋盘上,你会看到,被覆盖的永远是一个黑格和一个白格,因为没有两个黑格是相邻的,对白格来说也是如此。内德,如果不算角上的格子,棋盘上一共有多少个白格?"

内德吃力地数着:"有30个。"

"说对了。那么黑格有多少个?"

"嗯……32个。"

"准确得很。由于每块多米诺骨牌能覆盖一个黑格和一个白格,所以必然有两个黑格没有被覆盖到。你说过不可能只剩下一个方格,这个当然是对的。但这并不能排除剩下**两个**方格的可能性。对多米诺骨牌来说,实际上存在一个普遍适用的奇偶性原理:除了总的方格数必须是偶数以外,黑格个数与白格个数也必须相等。"

"我的好女士,你的方法的确高明。可是,"洛基补充道,"奎格维尔商贸市场地上铺的方石板**都是一种颜色**啊。"他轻蔑地瞪了斯尼奇斯威舍一眼,"十足的空头理论家,完全不切实际。"

斯尼奇斯威舍答道:"不过,你总是可以想象那些方石板是涂上颜色的,上述论证照样有效。"洛基足足想了几分钟,脸上渐渐有些泛红。为了掩饰他的窘境,他连声催促内德再去一次奎格维尔镇,核实一下歌革与玛各两位尊神的塑像是否真的处于同一种颜色,当然是在想象中的以黑、白两色对市场地基染色的情况下。

又过去了两天,在此期间,洛基帮助斯尼奇斯威舍备足了荨麻酸辣汤等食物,好让她与她年迈的父亲安然过冬。此事刚完,内德就重新出现了。

"沼泽可真是乏味啊!我在路上写了一首诗来自娱,斯尼奇斯威舍,你打算听听吗?它的主题是林中怪物。"

"开始吧。"

内德喘了口气,露出了他骨瘦如柴的胸膛。"兔子啊,兔子!在漆黑一团的夜间林地上,发出了明亮的光。一只永恒的手或眼睛从天而降……"

"应该把你捏扁了做一只兔子饼,"洛基说,"内德,不要浪费时间了,赶快报告一下塑像的放置情况吧。"

"洛基,我们是在谈生意!一尊塑像在白格上,另一尊在黑格上!"

"哪一尊塑像?"

"啊?"

"歌革是在黑格上还是在白格上?"

"洛基,你说的尽是些废话……"

"听着,这可是至关重要的,内德。歌革神的祭司们披着黑斗篷,而玛各神的祭司们披的是……"

"哦,洛基,那不过是虚构的颜色,我可以随时改变的。"

洛基突然摇了摇头:"内德,事情不是那么简单的。我不久之前刚刚意识到玛各神的祭司们戴着黑色帽子,而歌革神的祭司们……"

"看在上帝的份上!"斯尼奇斯威舍气得大叫起来,"谁**关心这些东西**?"她抓住了内德的肩膀,"你应该能想得起来,两尊塑像究竟在什么位置上吧?"

"想不起来了。"

"哦,你这个笨蛋。"

"这个**重要**吗?"洛基问道。

"我不能肯定。也许很重要。是否应该再派内德回去看看——不,那样做又得花费时日。"

"**两天就够了**,"内德说,"我会快马加鞭地向着奎格维尔商贸市场

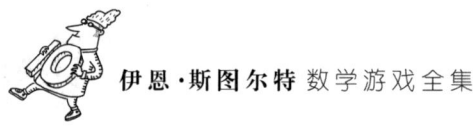

奔去的。"

斯尼奇斯威舍看上去陷入了深思。她说:"也许此事无关紧要,但为了确保万无一失,你们必须试验成千上万次,委实太可怕了。我认为现在是时候去向我那老父亲求教了。"

"她的老爸是位术士,"内德提醒洛基,"他经常同精灵之类的人物打交道。"洛基看来深具戒心,也许是由于他一旦碰上这类奇术,到头来总是会囊空如洗。他想出言阻止,但为时已晚,斯尼奇斯威舍已经飞奔而去,穿过沼泽找她的老爸了。过不了多久,她和那位老人(名字叫威什斯尼奇斯)就来到了面前。在洛基的钱袋里捞足了银币之后,老头从他的袍子里摸出了几张塔罗牌①,开始占起卜来。

他口中念念有辞:

"下面……是月亮。上面……是跳跃的母牛。西面和东面……"

"是猫和小提琴。"洛基提醒道。

"是的,是的,不过那猫是倒的,这表示它喝醉了……再下面,是大笑的狼狗……"

"这表示整个过程是一出闹剧……"

"不,不,这表示欢乐喜庆。还有更多的牌……盆子,调羹……"

"还有刀和叉。"

"不……叉子很异常。"老人摇了摇头,"真奇怪,这里本来没有叉子呀……啊!想起一个名字……一个来自未来世界的精灵……一位

---

① 塔罗牌是西方古老的占卜工具,共78张纸牌,每张都有独特的图案和意义。下文中的月亮、母牛等都是牌上的图案。——译者注

'蓝色巨人'的助手,那个神秘的家伙叫什么来着……拉尔夫……拉尔夫……"

"那是狼狗,它们总是'拉尔夫!拉尔夫!'地叫。但应该说'狂吠',而不是'大笑'。"

"不,这是一个名字……拉尔夫……呃……格利莫尔?还是格利莫莱?不,应该是拉尔夫·戈莫莱,他是一位未来的数字博学家,神通广大……你瞧,这里有一把三个齿的叉子与一把四个齿的叉子,这是象征着力与美的印记。快点,把炭笔给我拿来!"老人利索地在棋盘上画下了粗线(见图2.2)。之后,他从占卜的恍惚状态中慢慢地苏醒了过来。

洛基很不情愿地又拿出了一块银币,"女士,我认为你老爸摆弄的那些石头简直就是个史前巨石阵。"

她不屑地哼了一声,开始仔细察看炭笔画的粗线:"我无法肯定,洛基。不妨将这两把叉子看成围墙,就能将一系列多米诺骨牌排放在里面,形成一个首尾相接的环路。如果其中有两块方石板的位置被塑

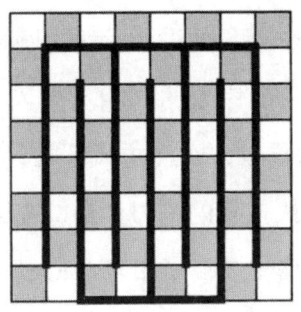

图2.2　戈莫莱的印记所形成的链状空间,可用多米诺骨牌填满

像占据,那么环路就被分割成两部分。不过,当两块方石板相邻时,它们还是一个整体。倘若塑像被放置在颜色相反的方石板上,那么每一部分的方石板数都是偶数,于是多米诺骨牌的长链就可将空间完全填满。图2.3便是一个证明,不管塑像位置如何——只要它们放在相反颜色的方石板上——剩余部分是一定能够被多米诺骨牌完全覆盖的。实际上,这是一个构造性证明,确切地表明在任何情况下达到目标的办法。"

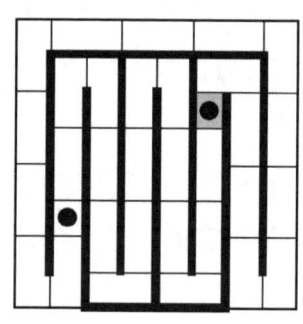

图2.3
如果被占据的两个方格属于相反颜色,本图显示了怎样用多米诺骨牌填满剩余的空间

这番话使洛基心服口服,他说:"女士,我刚才对你老爸有所怀疑,实在抱歉。他揭示了一个惊人的真相。"老人在一旁嘟哝着,说什么"好听的字眼"啦,"黄油"啦,"欧洲防风①"啦,洛基又随手递给他一块银币来抚慰他。"内德,快把我的刻刀和最漂亮的石板拿来!我们要在上面刻写:愿意承包奎格维尔商贸市场的修复工程,修复者:'劈岩人'

---

① 一种植物名称。——译者注

洛基于穆克尔沼泽。"

内德说："OK。哎呀，我还没有向你透露过两尊新塑像的事吧？"

洛基狠狠地盯着他看："什么？两尊……新的……"

"蛊惑人心者与作威作福者的两尊塑像。祭司们打算用它们掩饰新发现的裂痕。"

"哦，我的天哪！"洛基怒气冲冲地说。

"它们被放在不同颜色的方石板上，"内德有益地提示道，"两尊塑像在黑格上，两尊在白格上。"

"你不记得它们确切地放在哪里了？——不，你当然不会记得。斯尼奇斯威舍，倘若有四个方格缺失，黑、白各二，那戈莫莱印记还起不起作用？"

斯尼奇斯威舍眉头一皱，答道："如果人们在穿越多米诺骨牌环路时，缺失的格子是黑、白交替出现的，那么戈莫莱印记仍然起作用。但如果黑格后面仍是黑格，则两者之间的格子数将变成奇数，我们的办法当然不灵了。"

"那样的事情会不会发生呢？"

"我看不出不发生的理由。那就令人困扰了。"

"你说得不错。"然后是长时间的静默。正当洛基打算开口说些什么时，却被打断了。

"且慢，安静一下！我忽然有了一个想法……是的，可行！把棋盘分割成两块，使其中的每一块都含有黑、白各一的缺失格子。然后将每块都用多米诺骨牌环路来覆盖，仍然采用戈莫莱的印记，但形状可

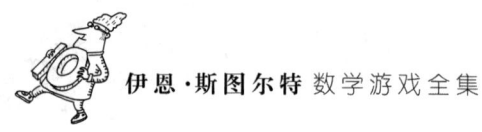

能稍有差异。现在,同样的论证可以证明棋盘的每一块都是能被多米诺骨牌覆盖的。"

"这种带有印记的分块是否存在呢?"

她想了一会儿:"不仅有,而且有许多种,我可以画出一些来(见图2.5)。"

问　题

下面这张图是从棋盘分割出来的一块,含有黑、白各一的缺失格子。你能否用多米诺骨牌环路覆盖这个棋盘,并且环路仍然采用戈莫莱的印记?

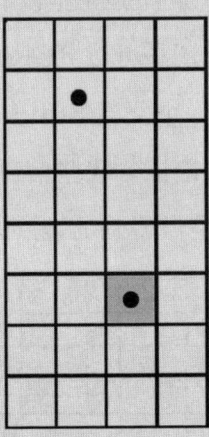

图2.4

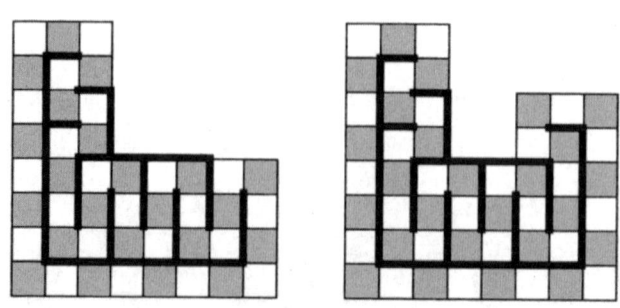

图 2.5 一些带有印记的区域

"嗯……我没有工夫把每一个细节都详详细细地研究一遍,但我有相当把握肯定:只有当缺失的两个黑格或两个白格都位于同一只角上时(见图 2.6),棋盘也许不能进行有效分割。其中一种情况下,可见角上的方格被孤立了,同其余部分完全没有联系,解答当然不存在。但对另一种情况来说,棋盘还是可以分割成两部分,使之各含一黑一白两个缺失的方格,并各有一个戈莫莱印记(见图 2.7)。其中一个区域中有一个洞,但这不会改变论证。我坚信通过小心的分析将能表明,用多米诺骨牌覆盖棋盘总是做得到的,除非出现了图 2.6 那样的或黑

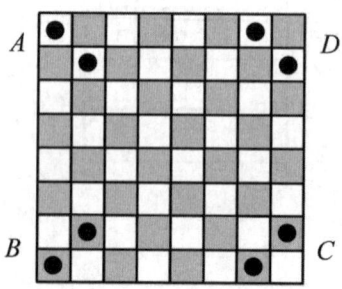

图 2.6

四种可能产生问题的角落布局。C 与 D 把角上的方格封堵死了,使多米诺骨牌无法覆盖到它,但 A 与 B 则无关痛痒,没有妨碍

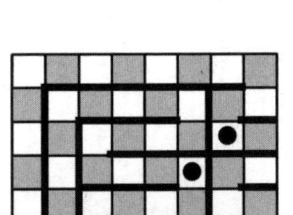

图2.7

一种处置上图中情况B的办法。每一个带印记的区域都拥有一黑、一白两个方格或白的封角形势。"她耸了耸肩膀,"它当然比不上戈莫莱证法那样精致。兴许未来的某个数字博学家会做得更好些。"

"不管怎样,"洛基兴奋得跳起来,"看来这笔生意我们是做定了。我们现在需要派一个人赶到那里去,查实一下究竟有没有塑像把角上的某块方石板堵死了。为保证万无一失,内德,你这次去一定要把塑像的安放位置用图画出来,以便我们确切地了解所面对的问题,从而在正式投标之前用斯尼奇斯威舍的木片来找出问题的解答。"

内德抱怨地哼了一声:"讨厌,为什么又是我?我已经去过两次了,跑一回就得花上两天。"

"内德,你应该知道,你是个学徒,而我是方碑公会的会长。"

"是,是,那我马上动身。"于是他借了几条蜜渍山羊肉以供路上食用,径直朝门口走去。

"喂,内德!"

"洛基,还有什么话要吩咐?"

"你一定要快去快回,必须在祭司们把**更多**的塑像竖立起来之前赶回来!"

答　案

见图 2.8。

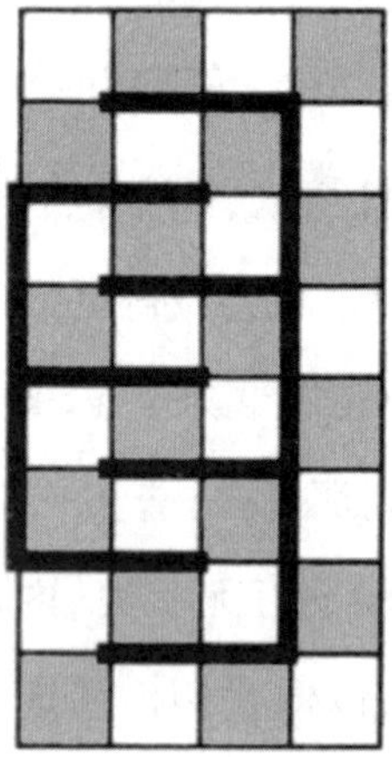

图 2.8

第 3 章
搬 桌 子

当你要重新布置家具时,由于空间有限,你搬东西的先后顺序有可能造成很大的差异。怎样才能找到正确的顺序与正确的搬法呢?要穿越一座城市或迷宫,地图是很起作用的。同样,在解决这个趣题时你也需要一张图——穿越逻辑迷宫的概念图。

上到了鲁夫塔①的67楼，"我们帮你搬"搬运公司的两位雇员正在汗流浃背地搬运九张实心橡木桌的最后一张，每一张桌子都是用手抬的，沿着火灾紧急逃生通道的狭窄楼梯盘旋而上。他们本来打算利用电梯，但是鲁夫塔的拥有者高非·鲁夫却害怕桌子太重，电梯的悬索承受不起而不让他们使用。

他们把桌子拖进储藏室，同其他八张放在一起，后面的门砰的一声关上了。

"搞定，"丹尼尔气喘吁吁地说，"最后核对一下，然后我请你到豪华的粉红比萨宫吃午饭。应该有两张大号方桌，六张巨型矩形桌，以及一张尺寸最大的雷龙桌。"

"没错，"马克斯一边说，一边在邋里邋遢的夹着纸张的书写板上逐笔勾销，"两张1×1的方桌，六张2×1的矩形桌，还有一张2×2的大桌子。"他的笔快速地在纸上涂写着。他抬头看了一下："啊，这里有点太拥挤了。"

---

① 国外的一些超高层建筑，一般都称为"塔"，例如2009年年底各新闻媒体广泛报道的矗立于中东迪拜的"哈利法塔"。——译者注

"简直是水泄不通。除了我们站立的地方,整个房间都放满了。"

"我们好不容易把它们都放进来了。我不明白他们为什么要那么多桌子?"

"我想,他们是利用这个房间作为暂时的储藏室,直到底楼的舞厅完成重新装修工程。据说拉斯普蒂娜·鲁夫曾经对高非说过,她喜欢淡黄绿色,不喜欢绿松石色……"

马克斯抱怨道:"你的意思是说,我们把这些东西辛辛苦苦搬上来,而他们以后还要我们再搬回去?"

"是啊,就下个星期。可这是生意,马克斯,不要挑剔了。把它看成是一个挑战,是对心理素质与体能的一个考验好了。我不能拒绝挑战,你呢?"

"谢谢你,我有很好的心理素质与足够的体能来应对任何挑战。我想我可以去干挖下水道的工作,它更加接近地面。"

"别提这些了,先去豪华的粉红比萨宫吧。"

"是啊,我们去那边吧。哎呀!"

"哎呀什么啊?"

"我们背后的那扇门肯定自动锁上了。"

丹尼尔的喜怒哀乐都挂在脸上,他正在集中思考。"没有必要惊惶失措,总会在什么地方有个应急电话的。"

"我知道,"马克斯说,"在墙上的那扇小门后面有一个'应急电话'的标志。"

"好极了。"

"它被那张实心橡木桌子封死了。"

"没什么大不了的,我们可以把它挪开。"

"桌子都靠得很紧,"马克斯观察了一下说,"搬开它们不容易。"

"难道我们不能把它们堆叠起来,腾出一些空间吗?"

"一点机会都没有,天花板太低了。"

花了半小时无效劳动后,他们不得不要求暂停。"丹尼尔,在我们精疲力尽前,应该全面考虑一下。按照我们估算,如果能把那张雷龙桌子从左上角搬到左下角(见图3.1),事情就好办了。我们可以把桌子一张一张地推进留下的空间,腾出来的地方再把别的桌子推进去。"

"我们自己会不会困在里面出不来呢?"

"不会,我们可以从桌子底下爬出来的。"马克斯说。

丹尼尔俯下身子,从一张桌子底下看了看:"你说得对,我们有足够的空间。"他搔了搔头,认真思考着。接着他说:"当我还是一个小孩时,曾经有过一个玩具,它的名字叫作'老爸的难题',你得把一些矩形与正方形的滑块移来移去,以便老爸能移动他的钢琴。游戏的性质同我们目前遇到的情况极其类似。"他停顿了一下。"实际上,我非常怀疑

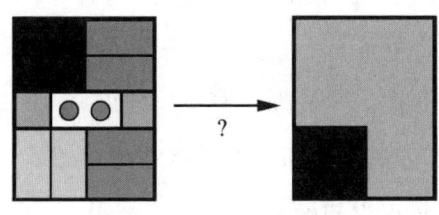

图3.1

你能否推动桌子,最终使黑色大方桌移至左下角?图中的两个小圆圈代表丹尼尔与马克斯,正站在仅有的空隙里

它们如出一辙。不管如何,游戏花了我不少时间,但最后我还是把它解决了。"

"太好了!你还记得是怎样解决的吗?"

"是的。你把滑块移来移去,直到把它们移到了你想要它们在的地方。"

马克斯扮了个鬼脸,说道:"我想,我们需要让事情更加明确一些,丹尼尔。"

丹尼尔耸了耸肩膀,他回忆不起在六岁生日时怎样解决一个智力难题,这实在算不上是一种过错。为了表明他是一个超级记忆力的拥有者,他说:"我仍然能够全文背诵《帽子里的猫》。"

"是啊,是啊。""我们现在唯一所能做的就是坐下。但是我们不喜欢这样,一点都不喜欢。""非常感谢,丹尼尔。"

"愁眉苦脸是没用的。让我们移动几张桌子试试,看看这样能让我们做到哪一步。"

又过去了半小时,他们成功地把那张雷龙桌子从左上角移到了右边墙壁的中间位置(见图3.2)。情况虽是有了点进展,但正如丹尼尔所指出的,以后又该怎样做呢?

"我们需要一张图。"马克斯若有所思地说。

"马克斯,我们能够**看到**所有桌子都在那里。"

"我的意思不是指**房间**的图。"

"那指什么呢?"

"一张**趣题**的图。"

丹尼尔眼睛瞪着他:"你疯了吗?趣题哪会有图?"

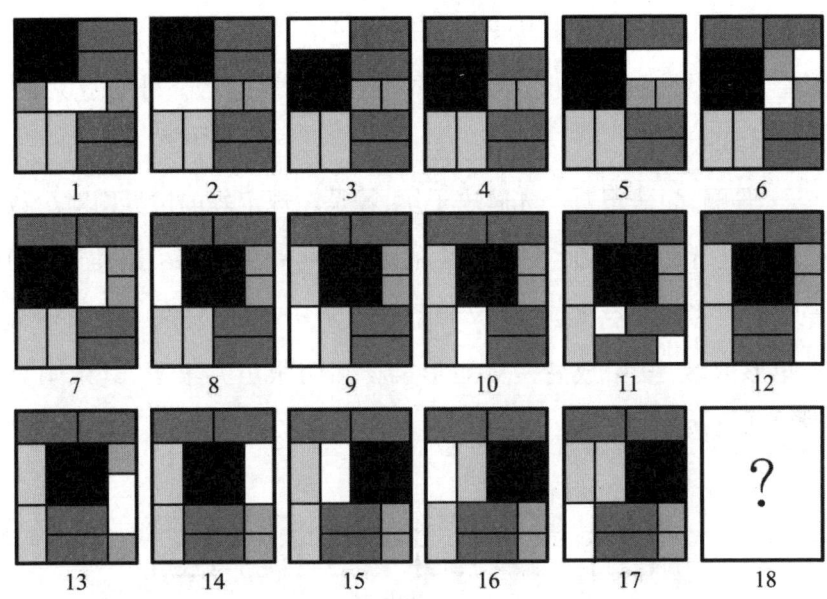

图 3.2　一个可能的移动序列，这是一条相当长的路

"老伙计，我不想顶撞你，但你要认真想一想我所以要冒犯你的理由——趣题确实可以有图的，那是一种概念图，脑子里设想的图。这个图将会告诉你趣题中所有物品的位置，以及如何从一个布局过渡到另一个布局。头脑中的迷宫会告诉你应当采取什么行动，以及按何种顺序来实施。"

丹尼尔点了点头，事情当然如此，不过……"它将是一张很复杂的图，马克斯。可能的位置数量多得惊人，可以进行的移动也众多。"

"确实如此。所以我们应当想办法把它们大大压缩。不妨把问题分解成几个较简单的子块。嗨！你看，我有主意了。首先，让我们找出**容易**着手的步骤。然后，再把各种可能性串联起来。"

"好吧。作为开始,如果你能得到一个只含两张最小桌子的正方形空当,你可以自由自在地把这两张桌子任意搬运。"丹尼尔说道[见图3.3(a)]。

"是啊,想法很对。先解决子块,就是在规定好的边界内对少数几张桌子进行来回调动。"(图3.2中的步骤5-6-7就利用了这类子块。)他停下来思考了一会儿。"嗯,又想到一个子块,稍微复杂一点。你有一个矩形区域,其中放着两张矩形桌子和两张小方桌子,其余则是空隙。"[见图3.3(b)]。

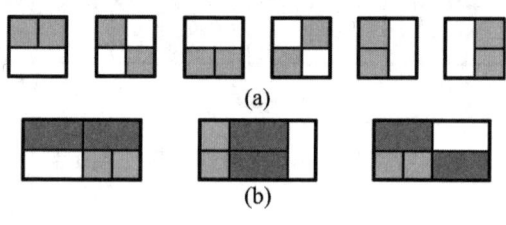

图3.3

某些有用的调动,在每一个子块中,桌子可以不越出边界而进行重新布置

"因此,你可以认为这些子块中那些搬来搬去的桌子的不同布局本质上是相同的,这样一来,需要考虑的位置数自然可以大大压缩了。"丹尼尔说。

"是啊。另外还有一件事。有时候,似乎只有一种势在必行的搬法,倘若你不想回到原状的话。"(见图3.2中的步骤3-4-5,或者更长一些的步骤7到17。)

"因而如果你知道从什么位置开始,到什么位置结束,那么这一系列移动不用参照图就可以完成了,是这样的吗?"

"一点不错。请把书写板和钢笔递给我。"片刻工夫之后,丹尼尔与马克斯就凝视着一张包含可能位置与移动的智力迷宫图片段了(见图3.4)。

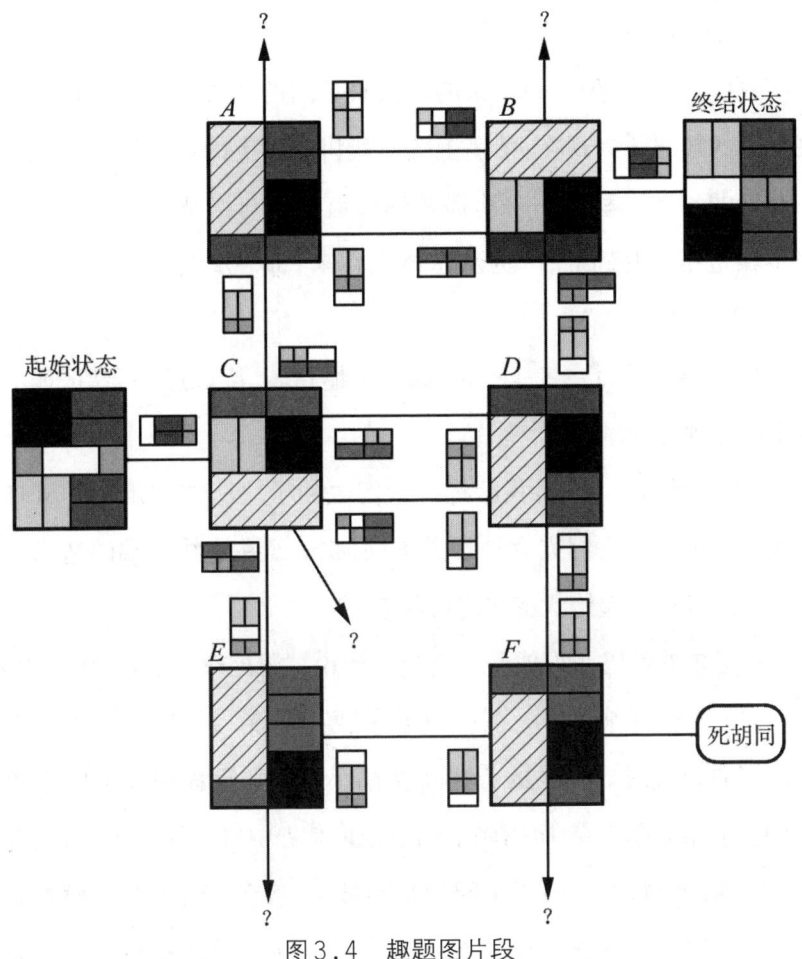

图 3.4 趣题图片段

大图表明了关键桌子的摆法。打斜线的矩形区域表示可以用图3.3的调动来解决的子块。直线段表明动作序列有时候相当冗长,但如果你知道终结状态,则这些动作基本上是"势在必行"的。譬如说,从起始状态到状态C就代表图3.2所示的17步移动。小图则显示了每个子块如何从起始状态到终结状态。用这张图作为向导,解决本趣题就相当容易了

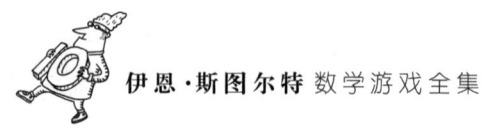

"我已经标出了起始与终结状态",马克斯说,"安置那些关键桌子的办法有不少,我已分别给它们标上了 A、B、C、D、E、F。"

"我希望它们不光有六种。"

"自然不止六种。画出来的仅仅只是图的**片段**而已。但这足以解决我们的趣题了。现在,请闭上嘴听我讲。图上的那些直线段表示势在必行的一系列移动——前提是你知道起始与终结状态。中间的一些步骤是相当明确的,因为从总体上看来,每一步实际上只存在一个选择,你说对不对?"

"OK,我明白了。一旦你围着一个趣题转,待玩过一会后,你不可能不注意到这种事情。"

"你说得对。现在,我已将有待解决的子块所在的矩形区域打上斜线。为了表明它们究竟是哪类子块,我已经在连线两端的适当位置画了小图以表明起始状态与终结状态。"

丹尼尔的嘴巴张得像一条金鱼。他说:"很抱歉,我有点跟不上。"

"好,我来详细解释一下。假定你要从状态 C 到状态 E。看一下联结它们的竖直线。在线的旁边有两幅小图。如果你用顶上的小图取代 C 中打斜线的区域,而用底下的小图取代 E 中打斜线的区域,就得出了起始与终结状态。由于中间的移动都是'势在必行'的,因而不需要花费很长时间就能把它们推导出来。倘若你用硬纸板做一副该趣题的'拷贝',就可以演示这些移动,加以验证。"

"那么,所谓的'死胡同'又该怎么解释?"

"你觉得它是什么意思?现在回答我,这幅图告诉了我们什么信息?"

"屋里所在位置的各种状态,以及它们之间如何过渡。总之,是这一类的线索。"

"它告诉我们的东西远不止这些。譬如说,它向我们透露解决问题的途径之一是沿着起始状态—C—A—B—终结状态的路线走。只要利用相应线段旁的小图去填充大图中打上斜线的区域,然后一步步地完成那些势在必行的动作就行了。"

丹尼尔的脸上露出敬佩的表情:"你还可以改走起始状态—C—D—B—终结状态这条路线,是这样的吗?"

"当然也行。甚至可以改走起始状态—C—E—F—D—B—终结状态,但这是一条不必要的复杂路线。"

丹尼尔现在已经很投入了,他说:"还有一种走法:起始状态—C—D—F—E—C—D—B—A—B—D—C—E—。"

他说得很急,有点上气不接下气,马克斯在这位朋友崩溃之前打断了他的话:"是的,但那是一条更加不必要的复杂路线。"

"我要用最简单的办法解决它。"

"我也是。让我们来搬动这些桌子吧!"

需要花费一点时间才能熟悉这项工作,但一旦开始做了之后,他们很快便把那张庞大的雷龙桌子搬到了房间的左下角。在此之后,马克斯终于能够拨打房间内的应急电话,传唤大厅中的门卫。援助人员到来之后,又发现桌子的新位置把房门封死打不开了。然而此时,丹尼尔与马克斯对"老爸的难题"的图解已经了如指掌,即便蒙住眼睛也

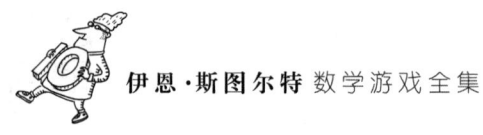

认得路了。

午夜过后不久,他们终于干完了。

受到此事的刺激,心烦意乱的他们挥手拦下一辆出租车,直奔豪华的粉红比萨宫而去,那个地方是通宵营业的。首先要补吃午饭,然后才是正式进晚餐。

丹尼尔说:"你知道,那个问题不算太难。"

"没有多久我们就搞出了那幅图。我们的运气不坏,它看起来相当简单。"

"是啊。但那是因为你使用了一些技巧来简化它。"

马克斯摸了摸他的下巴,发现胡须正在疯长。

"技巧帮了我们不少忙。但确实存在许多滑块趣题,它们的图解极其复杂,即使你把能想到的一切技巧都用上去也无济于事。"

"举个例子?"

"好吧!其中有一个'驴子趣题',源自19世纪,几乎肯定是来自法国。它真的非常难。但是1980年左右发明的'世纪趣题'比它更难,你需要走100步才能解决它。倘若你坚持终结状态应该同起始状态一样,仅仅是上下颠倒一下,那就是难上加难了。这种版本被称为'一个半世纪趣题',因为需要走151步才能解决它(见图3.5)。"

出租车嘎的一声刹住,停在了比萨宫门口,丹尼尔付了车钱。他们走进去,坐了下来。马克斯点了一个重乳酪深盘比萨饼。丹尼尔点了一个含大堆配料的按需特制比萨饼——配上了意大利香肠、金枪鱼、刺山柑、凤尾鱼、牛肉、菠萝、粉蒸肉、一整根香蕉、口香糖、甘草,以

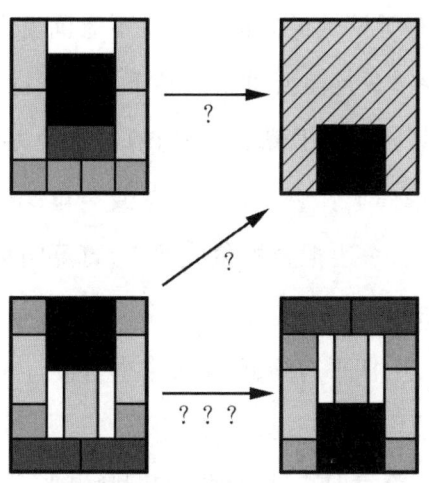

图 3.5　三种更难的滑块游戏

除了黑的大方块之外,打着斜线的区域里允许出现任意位置状态。上面的箭头:驴子趣题;中间的箭头:世纪趣题;下面的箭头:一个半世纪趣题①

及一根点亮的小焰火。"这些都是我的最爱",他向茫然不知所措的女服务员解释。"请务必按照我指定的顺序,把这些东西自下而上地堆起来。"

比萨饼都送上来了。丹尼尔要的东西看上去不大对头,大多数配料上下颠倒了,甚至包括那块饼皮。女服务员送来了整条金枪鱼,并试图把甘草点燃。

"先生,请享用您的比萨饼。"她耸耸肩膀说道。

"把它退回去。"马克斯建议道。

---

① 这些趣题的解法请参看伯莱坎普、康威与盖伊合著的《稳操胜券》,此书已由上海教育出版社出版。——译者注

"不,不,你没有听见她说的话吗?我不能抗拒挑战,这是对性格的考验。这个比萨饼只是需要重新调整下位置而已。"丹尼尔夹起了金枪鱼,一边吹熄了点燃的甘草,一边打算找个地方放置金枪鱼。"意大利香肠放到哪儿去了?噢,原来夹在菠萝里头。盘子真是不够大……"他一边叹气,一边把金枪鱼放回去,打算叫来餐厅经理,抱怨他的比萨饼问题太难解决了。

然后他挺直背部,摆平肩膀,伸手去拿书写板。

"你想干什么?"马克斯问道。

"我能搞定它。等我把这只比萨饼的图画出来。"

第4章
拟人化原理①

---

① 这是用人的形象、性格、特点等来比照与解释各种动物乃至非生物奇异现象的一种学说。——译者注

墨菲定律说道,如果事情有变坏的可能,那它一定会变坏。即使事情变坏的可能性不大,到头来它还是会变坏。譬如说,假使涂着黄油的吐司从桌子上掉下去,涂黄油的一面总是在下(除非你本来就涂错了面)。但这到底是墨菲定律的一个案例呢,还是物理世界的一个不可避免的性质?

我从未有过一片吐司，

有着特别的长和宽，

但当它们落在沙地上时，

着地的总是涂黄油的一面。

佩恩（James Payn）模仿摩尔（Thomas Moore）在《拜火者》（*The Fire Worshippers*）中描述瞪羚的诗句，写下了上面的几行恶搞短诗。这里说到的事情就是墨菲定律的原型事例，该定律说："如果事情有变坏的可能，那它一定会变坏。"它的来历是1940年代后期一位空军上尉所做的实验（即便猜中了他的姓氏也无奖可得）。该定律有许多种不同说法与推广，譬如说"即使事情变坏的可能性不大，到头来它还是会变坏"，而定律的命名有时也不用墨菲而是别的姓氏。

1991年，英国广播公司（BBC）的电视系列剧《证明终了》（*QED*）播放了一系列人们在各种不同条件下把吐司抛掷到空中后的实验结果，事实表明，在每一种情况下，所得到的结果从统计角度来看与纯粹随机事件没有区别。如果不是由于马休斯（Robert Matthews），这事情本来可以告一段落了。马休斯是一位带有数学特色的英国新闻工作者，

一个典型的马休斯式新闻报道中少不了计算。例如,开头是一幅建筑物的照片,窗户统统都被狂风刮掉了,而在结尾处,给出了他所估计的风速。马休斯在《欧洲物理学杂志》(European Journal of Physics,参见"进阶读物")上撰文说,他观察到《证明终了》节目中的实验存在两个问题。首先,就其本质而言,墨菲定律总是力图否证针对它的任何实验。其次,吃早餐时,在正常情况下吐司并不是被随机地抛到空中去的。(OK,也许你的家庭干起事情来有自己的一套方式,但我的基本观点是站得住脚的。)吐司一般都是被侧击后从桌子边上掉下去的,任何实验都应该把这一基本特征落实到实验设计与分析中去。

在继续说下去之前,有必要先揭穿一个常见的概念性错误。落地吐司表现出的不对称性质并不是黄油的附加质量导致的。一片典型的吐司大约有40克重,黄油至多只占总量的10%,而且绝大部分被中间区域吸收。它对吐司的动力学影响是微乎其微的。至于因表面黏滞度的改变而产生的对吐司的空气动力学效应,则是更加可以忽略不计的。

马休斯通过一种简单得多的不对称性来探索墨菲定律:抹上黄油的是吐司的上表面,当吐司被轻推出桌子边缘时,这一面仍是朝上的。当吐司落向地面时,它旋转的角速度是由其质心初始的伸出量来决定的。通常情况也许是,在桌子高度与地球引力的共同作用下,吐司在绝大多数情况下转过的角度是180°的**奇数**倍。如果真是这样的话,那么每次都应当是涂黄油的一面着地。根据马休斯的计算,简短的结论正是如此。实际上,吐司在空中的翻身只有一次,从而导致抹上黄油的一面着地的结局,这一情况是最为常见的。

在我们进一步探讨这种令人不愉快的巧合的深层次原因之前,有必要把导出这种结论的数学论证简要地总结一下。图4.1显示了吐司的原先形状、相关的主要变量,以及从牛顿运动定律所推导出的关系式。主要的结论是:吐司在落地时抹黄油的那一面不可能向上,除非"临界伸出参数"(吐司质心初始伸出桌子边缘的长度与吐司宽度的一半之比)不小于6%。实验表明,就面包而言,这个参数值通常是2%,而吐司则为1.5%,都远远低于让面包或吐司在落地途中至少转动360°所需的数值。由于已证明转动至少应有180°,这就意味着,抹黄油的一面向下是不能改变的规律。

吐司的墨菲动力学

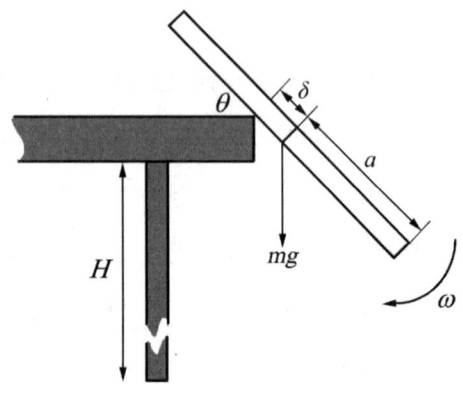

图 4.1　吐司动力学中的变量

相关的变量(见图4.1)为：

g=重力加速度

m=吐司的质量

a=吐司的半宽

δ=初始的伸出长度

θ=转过的角度

ω=转动的角速度

H=桌子的高度

定义**伸出参数** $\eta=\dfrac{\delta}{a}$，则当吐司以桌边为轴旋转时，由牛顿运动定律可导出关系式

$$\omega^2 = \frac{6g}{a} \cdot \frac{\eta}{1+3\eta^2} \cdot \sin\theta。$$

当桌边的摩擦力大于吐司重力的相应分量时，吐司就开始下落。在那一瞬间，不论转动速率如何，吐司在坠落过程中将始终保持同样的转速。

简单的估算表明，在落到地面的途中，吐司将至少翻转180°。为了使落地时涂着黄油的一面仍然朝上，它至少必须旋转360°。我们知道了吐司的转动速度，而 H 和 g 又将告诉我们它要经过多少时间才能碰到地板。对通常尺寸的桌子与吐司来说，马休斯证明了，在临界伸出参数 h 大于0.06时，吐司才能旋转360°以上。临界伸出现象出现在吐司自身与桌面分离并开始自由下落时。

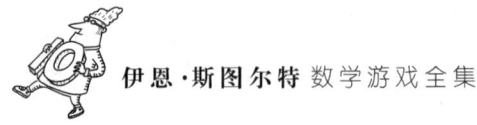

以上的分析中作了一些假设。其中之一是,在吐司碰到地面时它是不会弹跳的。由于黄油是一种高度黏稠的物质,这样的假设是合理的:通常情况下发出的是**啪哒**声,而不是弹起的**啵嘤**声。另一个假设是,吐司慢慢地滑过桌边,并在达到临界伸出值时与桌子分离。更详尽的分析表明,在离开桌边时,吐司所具有的水平速度对上述结论不会产生什么严重影响,除非这个速度达到1.6米/秒以上,那可是一个异乎寻常的重击。这一结果也的确为防止抹黄油面着地提供了一种策略:如果你看到吐司行将滑出桌边,用你的手狠狠地敲击它一下,使它快速地掠过房间。这种办法很可能会产生一些其他不利影响——譬如说,如果你家的猫正坐在吐司掉落处——不过,这样做确实可以避免弄脏地毯。

以上的分析可说是面面俱到,但这表明,墨菲定律仅仅是一种巧合,是"墨菲共振"的一个特例,此种"共振"是由人类文明分配给桌子与吐司的颇为专制的数据,以及同样专制的地球引力场数据的共同作用引起的。马休斯还进一步发现,没有什么东西可以偏离上述真相。在旋转的吐司中体现的墨菲定律,实质上是基本自然常数的一种深刻的必然后果。任何宇宙,只要有类似于我们的生物栖息其中,就必然会受到他们的墨菲定律的制约——至少在他们坐在桌旁吃吐司的时候是。

确切的论证很曲折,很有技术性,但它概括起来却相当简单。关键事实已由普雷斯(W. H. Press)阐明,他在1980年论证了,两足动物的身高极限受到其所住星球引力场的制约。与四足动物相比,两足动

物本质上是不稳定的:由于它们的重心容易偏离其"脚印",所以更加容易摔倒。四足动物却有着面积大得多的稳定区域。(长颈鹿比人类高得多,这绝非偶然。)

临界高度就是头部撞击地面足以引起死亡的高度。当然,这种论证必须假设关键部件位于两足动物的顶部,但由于能看得较远等因素,这确实有利于进化。这类论证大部分有些想当然,我们不妨看看它们会把我们引向何方。至于我留给你们自己去思考的另外一部分,是把上面这些假设全部推翻,再看看它们会把我们带到哪里去。

假定一个聪明的两足动物所使用的桌子高度相当于自己身高的一半,这是非常合理的。在地球上,如果想动摇墨菲定律,桌子的高度需要达到3米左右,从而我们要有6米的身高,才能摆脱墨菲共振的不幸结局。一个更深刻的问题是:在某个遥远的行星上是否会存在某种外星人可以摆脱墨菲定律的羁绊?

为了回答这个问题,马休斯把这种外星人设想为一个圆柱状的高分子聚合体,它的要害部件是位于其顶部的一个球体。我将称这种生物为"聚合墨菲"。聚合层中化学键的断裂会导致它们死亡。马休斯的分析得出了结论:一个可能的聚合墨菲的身高至多只有

$$\left(\frac{3nq}{f}\right)^{\frac{1}{2}} \mu^2 A^{-\frac{1}{6}} \left(\frac{\alpha}{\alpha_G}\right)^{\frac{1}{4}} a_0$$

其中

$n=$断裂出现时横断面上的原子数(典型情况下是100左右);

$q=3\times10^{-3}$,是与聚合体有关的一个常数;

f=使聚合体的化学键发生断裂所需的动能所占的份额；

μ=聚合体原子的半径，以玻尔半径为计量单位；

A=聚合体物质的原子量；

α=电子的精细结构常数 $\dfrac{e^2}{2h\varepsilon_0 c}$，其中 e 是电子电荷，h 是普朗克常量，ε_0 为真空介电常数，c 为光速；

α_G=引力的精细结构常数 $\dfrac{2Gm_P^2}{hc}$，其中 G 是引力常量，m_P 为质子的质量；

a_0=玻尔半径。

把我们所在宇宙的有关数据代进去，可以求出聚合墨菲的最大安全身高为3米。(顺便说一下，有据可查的人类的最大身高属于一个名叫瓦德洛夫(Robert Wadlow)的人，他身高2.72米。)这与为了避免黄油弄脏厨房地毯所需要的6米高度相比，实在是相差甚远。

有趣的是，聚合墨菲身高的这一上限并不取决于外星人所住的行星。其原因在于，内部引力与静电力的平衡，以及电子的简并效应必须以聚合墨菲不能解体为前提，从而将行星的引力与更多的基本常数联系起来。于是我们发现，墨菲定律根本不是一个巧合，而是深刻的"人择原理"的必然结果：任何按照常规建立，并栖息有智能聚合墨菲的宇宙都会遵守墨菲定律。最后，马休斯总结道："按照爱因斯坦的说法，上帝是难以捉摸的，但他不是心怀恶意的。事情可能就是如此，可是上帝对于下坠吐司的影响显然留下了许多想象空间。"

反馈信息

我原先所写的专栏文章到此结束,但它引发了一股前所未有的评论热潮,其中包括"墨菲定律"这一名词的不同起源与出处,以及反对将它用于描述无生命现象的意见,我感到有必要摘录一些读者反馈。

密西西比女子大学的卡森(David Carson)在来信中报告了一群大学师生合作进行的一系列实验。

> 对吐司采用了以下几种处理方式:(a)从齐腰高度随机抛掷;(b)从桌边推落下去;(c)从一架十英尺高的铝梯上推落下去。结果发现,对情况(a)和(c),观察到的吐司涂黄油面着地的频率分别为47%和48%,但对情况(b),频率则高达78%。真是太令人满意了!

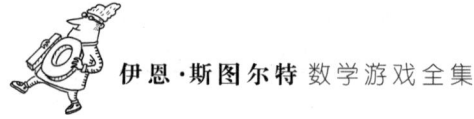

不管怎样,他们报告了他们的吐司经常发出啵嘤声,而不是啪哒声。加利福尼亚大学伯克利分校的塞坎(Carlo Séquin)的来信非常有趣。

> 问题的根源不在于上帝的宇宙设计,而在于美国标准委员会所制定的吐司尺寸的法规,他们显然对吐司的尺寸作了错误的规定。

圣约翰学院的史特德曼(John Steadman)则来信提供了一系列颇具说服力的论证。

> 不仅墨菲定律是自然规律(不光是一些宇宙常数)的一个深刻推论,而且自然规律本身可视为墨菲定律的深刻推论。譬如说,热力学第二定律就是"各种作用能产生不可逆转的结果",它无非就是在信念范畴的墨菲定律;至于

量子物理学，也不过是墨菲定律的一个悲观主义的翻版："如果事情有变坏的可能，**那它就已经变坏了。**"

第 5 章
数数太阳底下的牛

古希腊学者阿基米德(Archi-medes)在写给友人昔兰尼的埃拉托色尼[1](Eratosthenes of Cyrene)的信中有这样一段话:"啊,陌生人,如果你既聪明又勤奋,那就请你数数太阳底下的牛吧,它们曾经在色雷斯人[2]统治下的西西里岛原野里吃草……"在1880年第一次得出的问题答案竟然是个206 545位数。但通过数论中的一些现代见解,再利用一些计算机代数,我们可以找到一个确切的公式。

---

[1] 埃拉托色尼,古希腊科学作家、地理学家、天文学家、数学家。——译者注
[2] 色雷斯人曾生活在地中海中东部及爱琴海沿岸地区,色雷斯语属印欧语系。——译者注

搬桌子与大富翁游戏

英国趣题大师亨利·杜德尼（Henry Ernest Dudeney）在他1917年出版的杰作《亨利·杜德尼的数学趣题》①里引述了"一本由古代僧侣编写的编年史中的一段奇特文字"，是有关黑斯廷斯战役的。1773年，德国戏剧家莱辛（Gotthold Ephraim Lessing）发表了一个他从沃尔芬比特尔图书馆中查到的古老问题：它被写成22个挽歌对句，原作者是约公元前250年的阿基米德，他要求数数太阳底下的牛。两个问题都包含一个共同的数学元素，即所谓的"佩尔方程"，以纪念一位鲜有人知的17世纪英国数学家佩尔（Pell），但佩尔在这个领域里并非原创者。阿基米德的牛的问题近来被洛杉矶西方学院的瓦尔迪（Ilan Vardi）赋予了新的生命力，他在此过程中借助了计算机代数软件包Mathematica。这里面涉及的数学知识有点难度，尽管其中绝大部分内容是经典的，但仍有某些方面足以考验数学研究者的智慧和能力。

亨利·杜德尼引述的趣题说道："哈罗德的士兵就像他们惯常那样紧紧地站在一起，组成了61个方阵，每个方阵中的人数都相同……

---

① 该书中译本已由上海科技教育出版社出版。——译者注

当哈罗德亲自加入战斗时,撒克逊人就排成了一个巨大的方阵,并呼喊着战斗口号:'滚蛋吧!''圣十字架!''全能的神!'"亨利·杜德尼问,应有的人数至少是多少呢?从数学的角度来看,我们需要找出一个完全平方数,将它乘以61再加上1之后,将能得出另一个完全平方数(见图5.1)。换句话说,我们需要找出方程$y^2=61x^2+1$的整数解。为了排除平凡解$x=0$,$y=1$(哈罗德投身于一支空无一人的部队,这就不是一个"巨大的方阵"了),我们应强调x至少不小于1。在继续读下去之前,你也许愿意一试身手,解一下这个方程。不过,请不要在这上面花费太多时间。

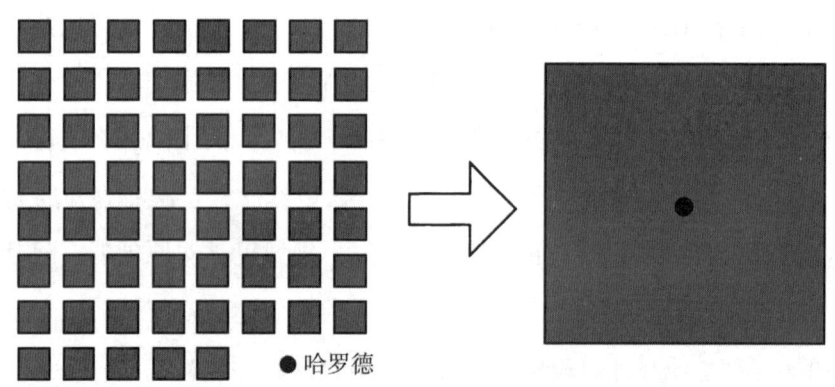

图5.1
如果哈罗德加入他的61个相同人数的方阵之后可以形成一个单一方阵,该方阵至少应有多少名战士

按照费马(Pierre de Fermat)、欧拉(Leonhard Euler)等数学家在1650至1750年间所发展的理论,这种类型的方程总是有无穷多个解,

其中的61可以换成任意一个非平方数。如果将61换成一个平方数，则方程就要求有两个相继的整数解，且都要是平方数，此时就只有唯一的解 $x=0, y=1$ 了，但这个平凡解太没意义了。求解此种类型的方程需要运用一些技巧，其中包含"连分数"，它可以在绝大多数数论教科书中找到，当然还有贝勒(Albert H. Beiler)那有趣的《数论妙趣》[①]（参见"进阶读物"）。

[①] 贝勒是美国著名数学家，纽约大学教授，《数论妙趣》已由上海教育出版社出版。
——译者注

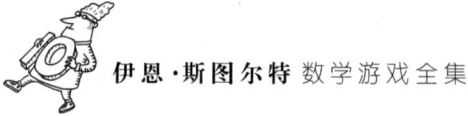

问　题

1. 在布莱顿战役(公元1065年)中,哈罗德国王的手下组成了11个方阵,每个方阵中的人数都相同,那么一共有多少人呢?

然而，用试算法是无法解决亨利·杜德尼的趣题的——噢，借助计算机或者还有可能，但手算不行——因为方程的最小解是 x=226 153 980，y=1 766 319 049。佩尔方程 $y^2=Dx^2+1$ 的解随着 D 值的变化而大异其趣。在100以内的 D 的一些"不好对付"的值（此时相应的 x 值都将大于1000）为：D=29,46,53,58,61,67,73,76,85,86,89,94,97。其中最不好对付的莫过于61，由此可见，亨利·杜德尼挑中它真是不简单呀！

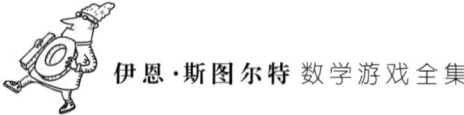

问 题

2. 当 $D=60$ 与 $D=62$ 时(它们位于亨利·杜德尼看中的数 61 的左右),方程的解是多少?

要提醒你的是，他其实可以把题目改得难得多，譬如说，当$D=1597$时，最小解将是

$x=13\ 004\ 986\ 088\ 790\ 772\ 250\ 309\ 504\ 643\ 908\ 671\ 520\ 836\ 229\ 100$,

$y=519\ 711\ 527\ 755\ 463\ 096\ 224\ 266\ 385\ 375\ 638\ 449\ 943\ 026\ 746\ 249$。

而当$D=9781$时，情况会更糟。

阿基米德在写给埃拉托色尼的信中所提到的趣题由以下的话开始："啊，陌生人，如果你既聪明又勤奋，那就请你数数太阳底下的牛吧，它们曾经在色雷斯人治下的西西里岛原野里吃草……"在荷马（Homer）的《奥德赛》（*Odyssey*）中提到，太阳底下有350头牛，但在阿基米德心目中，这个数要大得多。他设定的条件，如果采用现代的记号与写法，可以归结为一系列数学方程。牛群可分为W头白公牛，B头黑公牛，Y头黄公牛，D头有斑点的公牛，以及相应的头数为w,b,y,d的母牛。共有7个比较"容易"的条件和2个"难啃"的条件。容易的有：

$$W=\left(\frac{1}{2}+\frac{1}{3}\right)B+Y$$

$$B=\left(\frac{1}{4}+\frac{1}{5}\right)D+Y$$

$$D=\left(\frac{1}{6}+\frac{1}{7}\right)W+Y$$

$$w=\left(\frac{1}{3}+\frac{1}{4}\right)(B+b)$$

$$b=\left(\frac{1}{4}+\frac{1}{5}\right)(D+d)$$

$$y=\left(\frac{1}{6}+\frac{1}{7}\right)(W+w)$$

$$d = \left(\frac{1}{5} + \frac{1}{6}\right)(Y+y)$$

难啃的有：

$W+B=$一个完全平方数

$Y+D=$一个三角形数

三角形数是指形式为 $1+2+3+\cdots+n$ 的数，其和是 $\frac{1}{2}n(n+1)$。

前面7个方程可以归结为一个简单事实，即所有的8个未知数相互之间都是成比例的，且比值固定。撇开解题过程中的烦琐细节，要而言之，前面7个方程的解具有如下形式：

$W = 10\ 366\ 482n$　　　　$B = 7\ 460\ 514n$　　　　$Y = 4\ 149\ 387n$

$D = 7\ 358\ 060n$　　　　$w = 7\ 206\ 360n$　　　　$b = 4\ 893\ 246n$

$y = 5\ 439\ 213n$　　　　$d = 3\ 515\ 820n$

此处的 n 为任意正整数。想了解全部细节的读者可以参看贝勒的书，或者瓦尔迪的论文（参见"进阶读物"）。莱辛对此问题提供了自己的解，他曾取 $n=80$，但这个解并不能满足全部条件。1880年，阿姆托尔（A. Amthor）取得重大进展，得出了一个结论，发现牛的头数竟多达206 545位！他并未计算出确切数字，只是给出了最前面的四位数码。1889至1893年，伊利诺伊州希尔斯伯勒市数学俱乐部的贝尔（A. H. Bell）、菲什（E. Fish）和理查德（G. H. Richard）推进了计算结果，给出了前面32位数码（有30位是准确的）。1965年，首个完整解由滑铁卢大学的威廉姆斯（H. C. Williams）、格尔曼（R. A. German）和察恩克（C. R. Zarnke）给出。所有206 545位数字的完整列表是由纳尔逊（Harry L.

Nelson)在1981年发表的。他使用了一台CRAY-1型超级计算机,全部计算历时10分钟。

早在1830年,武尔姆(J. F. Wurm)曾解决过一个略为简易的问题,他省略了 $W+B$ 必须是一个完全平方数的条件。(在对问题的原始叙述进行解读时存在着歧义,由于公牛的身长要大于其宽度,因而即使公牛头数不是完全平方数,它们仍能排成方阵。武尔姆正是利用了这一漏洞。)人们又发现,通过一些代数推演,$Y+D$ 必须是一个三角形数的条件将导致 $92\,059\,576n+1$ 必须是一个完全平方数。由此而得出的方程的最小解将推算出牛的总头数是 $5\,916\,837\,175\,686$。

在武尔姆给出的解答中,$W+B$ 不是一个完全平方数。然而,不同的 n 对应着无穷多个解,我们总是能够找出可以满足那个被删去条件的最小解。正如阿姆托尔所证明的那样,n 必须是 $4\,456\,749m^2$ 的形式,其中 m 满足佩尔方程:

$410\,286\,423\,278\,424m^2+1 = $ 一个完全平方数

现在万事俱备,可以运用"连分数"方法去找出最小的 m 了,方法的有效性已经被欧拉证明了。

直到最近,故事终于告一段落。不管怎样,比起阿姆托尔那个时代,现代数学有了更加成熟与先进的工具,我们还有高速计算机,在一眨眼之间就可以完成数十万次算术运算。瓦尔迪发现,软件包Mathematica在几秒钟内就可以把上述运算全部重做一次。他向前再迈进一步,发现软件包Mathematica还能对牛群的大小提供一个确切的公式,而公式的存在性以前从未被人怀疑过。借助一个Sun工作站,可

以为牛群的主人提供一个合适的选择——整个计算需要一个半小时。得出的结论是,牛的总数是超过

$$\frac{p}{q} \cdot \left(a + b\sqrt{4\,729\,494}\right)^{4658}$$

的最小整数,其中

　　p=25 194 541

　　q=184 119 152

　　a=109 931 986 732 829 734 979 866 232 821 433 543 901 088 049

　　b=50 549 485 234 315 033 074 477 819 735 540 408 986 340

阿基米德是否真的提出过这一问题,学者们之间对此存在着分歧。主流看法认为他确曾提出过,尽管莱辛发现的文本是源于别人的一个报告。至于阿基米德是否完全解决了他的那个问题,学者们之间分歧不大。他肯定未能解决,因为那个数实在太大了。数的庞大对阿基米德来说也许不是障碍,因为他在其著作《数沙者》(Sand Reckoner)中谈到过的一个记数系统所能处理的数远远不止206 545位,但如果凭借手算,即使采用现代记法,花费的时间也实在太长了。

阿基米德对问题做过什么判断吗? 比如解是否存在? 很可能没有。(时至今日,负数形式的佩尔方程 $y^2=Dx^2-1$,究竟对哪些 D 值方程有解,我们也不甚了解。)阿基米德的才智足够让他有能力提出所需的某些类似于佩尔方程的东西(古希腊人并未掌握我们的代数工具,但他们能通过其他途径来表达这些概念),但他也许不能确定这些方程永远有解。另外,正如沃里克大学的福勒(David Fowler)曾指出的(参见"进阶读物"),古希腊人也有着他们自己的一套连分数工具,所以仅仅是**也许**……

反馈信息

这篇专栏文章再一次引发了许多有益的反馈。德雷克塞尔大学的罗雷斯(Chris Rorres)先生告诉了我有关太阳底下的牛这个问题的更多信息。

先生们：

在芬兰奥卢省林奈曼市奥卢大学的尼格伦(A. Nygren)的论文《阿基米德牛之问题的一个简明解答》中描述的算法,若应用 Maple 或 Mathematica 软件包,在奔腾 II PC 机上只需要 5 秒钟就可以解决问题了。

答 案

1. 这个问题的方程为 $y^2=11x^2+1$，只要稍作试算即可得解 $x=3, y=10$（见图5.2）。也就是说，$100=11×9+1$。该方程的下一个解为 $x=60, y=199$，而一旦你有了一个最小整数解，就可以根据一个一般步骤把所有的解统统求出来。

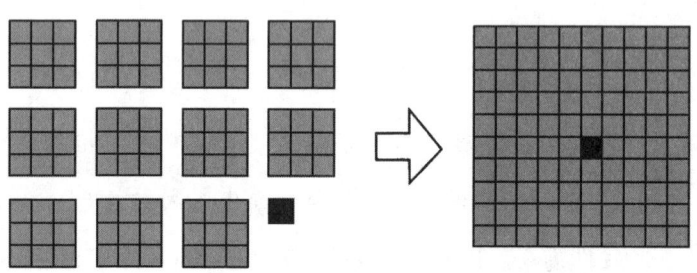

图 5.2
布莱顿战役（公元1065年），哈罗德国王要对付的方程是 $y^2=11x^2+1$，有一个解是 $x=3, y=10$

2. $31^2=60×4^2+1$
 $63^2=62×8^2+1$

第 6 章
下水道大窃案

罗宾汉府第的无价之宝犀牛塑像被歹徒盗窃,消息传来,连大侦探福尔摩斯都感到困惑了。亏得华生医生向他指出了有关下水道的一些新奇几何特征,终于激活了这位大侦探的脑细胞。他断言:"当你把一切不可能的结论统统排除之后,那么剩下来的东西不管有多么离奇,也必然是真相。"然而,真相究竟是什么呢?

当我走进福尔摩斯在贝克街的住处之时,我发现他正在收集报纸、木柴和煤。外面下着暴风雪,屋子里冷得像冰窖。一见到我,他马上站了起来,递给我一封信:"华生,请看这封信,并告诉我你有什么想法。"

我快速扫视了信纸:"此信来自罗宾汉公爵。"

"华生,这是一个极简单的推论,因为信纸抬头上面有他的姓氏。"

"对不起,福尔摩斯,我只是在自言自语。他通知你,罗宾汉庄园里的犀牛塑像不翼而飞了。我感觉他的口气有些唐突无礼。""那东西不过是一具很小的塑像,做得很粗糙,值不了多少钱。""福尔摩斯,我劝你不要理他,还是另外找一个更有挑战性的案子去办。"

福尔摩斯淡淡地一笑:"华生啊华生,我该拿什么来让你看清情况呢?尽管失窃的塑像并不重要,可是信的最后一句话难道没有打动你,激发你的好奇心吗?"

我重新读了读这封信。它的最后一句话是:"我请你帮我确定,被窃的宝物究竟失落在哪里。""噢,福尔摩斯,"我说,"这句话很普通,不值得大惊小怪的。"

"老兄,请看他的**笔迹**!"福尔摩斯大声喊道。"难道你看不出写信人正处于极度恐惧的状态?那些字母p的下伸部分就是明显的标志,更不要说写成圈圈的字母e了。以前我曾经在罗宾汉公爵麾下做过些小差事,所以我现在极其担心他的人身安全。请帮忙买好去罗宾汉府第的车票,我现在要去准备一下。"

在漫长的旅途中,福尔摩斯摆弄着他的小提琴自娱,而我则在聚精会神地看一本数学趣题的小册子。"嗨!福尔摩斯,这里有一道趣题。有一个人正位于宽200码①、两岸近似平行的河流中央,突然之间降下一场大雾,以致他完全迷失了方向。试问,他应该走一条什么样的最短路线,才能以最短的时间到达陆地?"

"他可以观察河水的流向来确定方位嘛,"福尔摩斯道,"然后按照与那流向成直角的方向游过去。"

"不,他做不到——我的意思是说,假定那是一个湖泊或者其他……"

"你刚才明明说是一条河啊。噢,不管怎样,最短路线是什么?"

"没人知道。"

"妙极了。"

"但那些人认为,此人应先走直线,走到100码稍微出头一点时,向左急转,然后再走一段直线、一段圆弧,然后又是一段直线[见图6.1(a)]。另外还有一个类似的问题,一位游泳者在海边受困,其人距直线状的海岸100码[见图6.1(b)],图中的答案也不过是个猜测而已。"

---

① 1码约等于0.9144米。——译者注

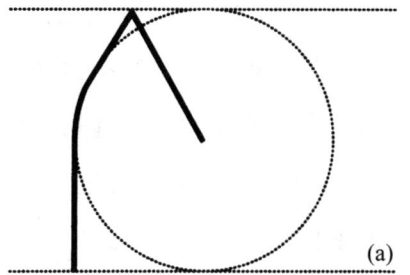
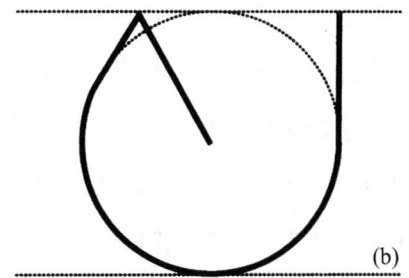

图6.1
大雾中迷失方向的游泳者所应采取的最优路线(无严格证明)(a) 游泳者位于河的中央,两岸为平行线;(b) 游泳者距直线状海岸为一已知距离(每条虚线表示河岸或海岸的一个可能位置,而真正的位置可能是图示位置的某种转动)

"想法真动人,"福尔摩斯语带讽刺地说,"华生,我很高兴看到你能投身实际事务,并从中找到乐趣。"接着,他又重新去拉小提琴了,我也试图重新去读那本小册子,不过,由于他的非难,我的阅读兴趣大大地打了折扣。

我们刚到罗宾汉府第,一位年轻侍女就把我们带到了公爵的房间。他看上去苍白而憔悴,好像整夜没有合过眼。

"谢谢你,露辛达,现在你可以告退了。福尔摩斯,见到你非常高兴。"他显得非常激动。福尔摩斯竭力安抚他,公爵终于开始一五一十地把故事拼凑起来。原来,罗宾汉犀牛塑像是一件传家宝,来自印度,它是被第十世公爵作为战利品带回英国本土的,当时他在一次攻打马扎普尔土邦的疯狂大君的战役中大获全胜。这尊塑像是用青铜做的,实际上值不了多少钱。可是它的肚子里是中空的,有一只秘密抽屉,藏着许多重要文件,历代公爵都秘不示人,保存得很好。当福尔摩斯问及这些文件的性质时,公爵的面孔变得更加苍白了。"我不能透露它们的内容,福尔摩斯。事关本家族名誉的一个古老污点。一旦暴露于光天化日之下,那就意味着罗宾汉家族的末日来临。"

"因此我们只能希望这具动物塑像能够太太平平地回来,不再进一步曝光。请阁下领我到保存它的房间去看一看吧。"

公爵随即传唤侍女露辛达,命她带一盏灯来。我们穿越了这座府第的迷宫般的走廊,来到一个狭小、穿风的地窖。地窖中蛛网密布,一丝微弱的光线来自天花板上的一个生锈的铁栅,它通向地面的一个狭窄开口。空气里头弥漫着一阵阵非常难闻的气味,地上积着数英寸①厚的灰尘。就连我也看到了无数的脚印。一个角落里安放着一个很大的保险箱。公爵说:"犀牛塑像原先就放在那里。"

福尔摩斯仔细察看地面,两只眼睛追踪着脚印。他掏出一只放大镜,走过去仔细审视铁栅窗。他又以同样方式检查了地窖门上的锁与保险箱。他双膝跪地,在尘埃里掏摸,终于他的手指触碰到了一张很小的包装纸。他用鼻子闻了闻气味,目光扫到了角落里的一堆旧纸盒上面。"塑像有多大?"福尔摩斯问道。

"相当大,"公爵边回答,边用手比划,他的两手相距约三英尺。

"公爵大人,现在整个事情都已经摆在这里了,任何人都可以对观察到的种种现象作出一番解释。起先,我担心犀牛塑像可能已落入了

---

① 1英寸约等于0.0254米。——译者注

贼人的巢穴，但现在我们面对的却是一个性质全然不同的困局。"

公爵的眼神顿然一亮，我意味深长地看了一眼福尔摩斯，他开始解释他的推理过程了。"地窖的门没有动过，窃贼是通过铁栅窗进出的。他打开保险箱，拿出了犀牛塑像。但他不知道如何开启秘密抽屉，又考虑到在地窖里把它切割开来非常困难，并且容易被人发现，所以他只好把它移走。"

"但他又是怎么拿出去的？"公爵问道，"这个人肯定是强行挤进来的，但犀牛塑像相当之大呢。"

"噢，他大概是把它绑在一只充气的橡胶轮胎上，然后丢进下水道里，靠浮力的作用使它漂流出去，然后在府第外面将它拿走。"

"福尔摩斯，你的说法简直荒谬可笑，"我对他说道，"你怎么能清楚地知道一切。另外，这个地窖里根本没有排水孔呀。"

"华生，你又像平时一样低估我的推理能力了。我在地面上发现了自行车补胎工具的残留物。事情很明显，橡胶轮胎被硬拉进铁栅窗时破了一个洞，需要现场修补。另外，躲不掉的气味分明告诉我们，附近存在一个下水道。至于你说此地没有排水孔，那就请你自己来看一看。"福尔摩斯踢开了那堆纸盒，下面果然有一块带有两只铁环的大石板。"脚印指示我们，它当然应该在这儿。"

"不过华生，我有理由认为那个窃贼的运道不好。我对下水道里的恶臭素有研究——你也许能回忆得起，我曾经写过一本这方面的小册子——我几乎可以肯定，这个下水道最近曾经被堵塞过。好吧，华生，现在请你助我一臂之力，让我们抬起这块石板。"

在微弱的灯光下,我看到了一个深深的竖井,四周铺以石板,尺寸大约一码见方。井底距我们约有40英尺,下面的烂泥发出一阵阵令人作呕的恶臭。

"竖井的深度令人震惊,毕竟我们是在地窖里。"福尔摩斯咕哝着。

"府第附近的地面是高起来的,"公爵说,"这个地窖要比周围的土地高出许多。"

我说,"我看不到犀牛塑像的任何痕迹。"

"的确看不到,"福尔摩斯答道,"可是当它落下去时,下水道里的水是在流动的。在向外漂流的途中,临时修补破洞的东西掉下来了,轮胎瘪了气。于是犀牛塑像沉到了下水道底部,局部堵塞了下水道。后来又聚拢了其他垃圾,从而导致下水道被完全堵塞。"

"这么说,那些珍贵文件目前仍陷在下水道某处?"

"说得没错。但竖井太深了,要想在这里下去疏通堵塞处,对任何人来说都是太危险的活。我们必须在更方便的地方进入排水系统。你有地图吗?"

"在我的书房里。"公爵答道。但是没有一幅地图标明有一条下水道通到地窖。"我发誓,从前确曾有过那样一幅地图的。"公爵困惑地回答。

"它肯定是丢失了。"福尔摩斯推断。

我说:"该死的!那窃贼现在也许正打算重回下水道寻找他的战利品呢。"一个突如其来的念头涌上了我的心头。"福尔摩斯,也许他正在这样干!"

"不至于如此。下水道必须部分疏通才行,"福尔摩斯答道,"窃贼想找到下水道的另一入口也有困难。不过,今夜他极有可能会尝试一下,所以一点时间也不能浪费了。"他停顿了一下,陷入沉思,然后又接着说:"我们到达府上时,我看见一位上了年纪的人正在胡萝卜苗圃里锄草,那人是谁?"

"你说的是老仆奈德。他耳朵聋得像一个邮筒,却是一个好佣人。他已经跟随我们多年了。"

"也许他能回想得起下水道的布局。园丁们一般都能够记住那些事情。"

通过多次打手势与大声喊叫,福尔摩斯终于使老奈德明白了他想知道的东西。奈德说:"啊,先生,我听说过有一个很大的老式下水道笔直地穿过前面的草地,但无人知道它通向何处。以前那位五六十岁的老厨娘曾告诉过我,下水道的上游,即地窖下面的一段,其走向是弯弯曲曲的。她说,在下游,它却像一支箭似的笔直而去。"

"你能告诉我们下水道的走向吗?"福尔摩斯问道。

"啊,不行。但我记得它确实是在水中仙女塑像附近100码或更近的地方穿过。"

"我们必须挖一条沟,"公爵说,"我将召集每一个可用之人来干这件事。"

"我们还必须立即动手,越快越好。"福尔摩斯道。

"沟的形状至关重要,"我在旁边插话,"否则它可能根本碰不着下水道。"

福尔摩斯道:"我们需要知道什么样的最短的沟能保证在水中仙女塑像方圆100码左右范围内穿过的任何一条直线都能与之相遇。"(参见图6.2)。

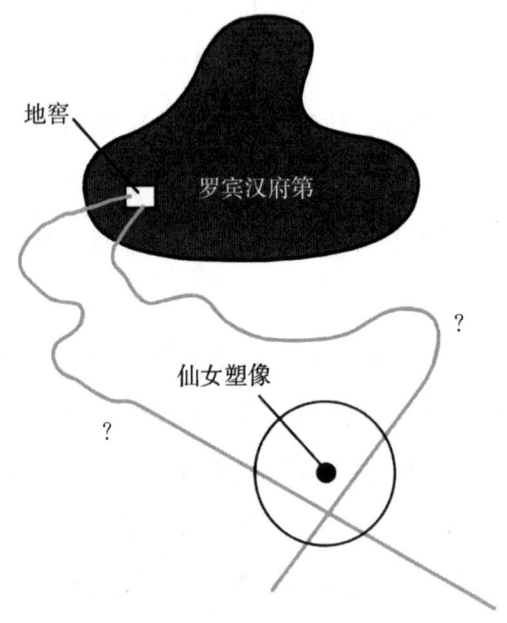

图6.2 罗宾汉府第的部分地形图
呈直线走向的下水道穿过图上标出的圆,但它究竟在哪里呢

公爵提议道:"我们可以挖一条半径100码的圆形沟。"

"这条沟的长度将是200π码,即大致等于628码。"福尔摩斯很快地作出了计算。

公爵道:"我怀疑咱们有没有足够的时间来开挖这样长的一条沟。不过,我的手下会竭尽所能接近这个数字。我们能否做得更好些?"

"挖一条长度为200码的直线穿过公爵大人画的圆,怎么样?"我问道。

"华生,你想得很好,"福尔摩斯道,"不过开挖这样的一条沟,势必会错过下水道的许多可能位置。"

"那么,开挖两条相交成直角的沟呢?长度400码?"

"华生,同样的问题依然存在。我们必须更仔细地想想。从数学角度来看,我们是在寻找一条最短曲线,使它能与半径为100码的圆的任何一条弦相交——所谓弦,就是与圆相交的任意直线段。当然我们也应考虑到圆的切线,它与圆只有一个交点。"

"福尔摩斯,为何要考虑切线?"

"因为老奈德曾经说过'100码或更近',这表明100码的距离或许有可能发生,而这恰好是切线的距离。"

"啊,原来如此。"我真佩服福尔摩斯的敏锐逻辑,"不过这是一个极其复杂的问题,因为有许许多多的弦要考虑。难道我们不能把问题简化一些吗?"

福尔摩斯突然把头往后一缩:"华生,这是一个很好的主意,是你最近几周内最好的一个。其实我们只需要考虑切线就够了。与所有切线统统相交的曲线必然会同所有的弦相交。"

"为什么?"

"选定任意一条弦,考虑与之平行的两条切线(见图6.3)。曲线同两条切线都相交,设交于A、B两点。由连续性可知,联结A、B两点的那部分曲线必然会同那条弦相交。"他摸了摸下巴,陷入了沉思。"我几乎

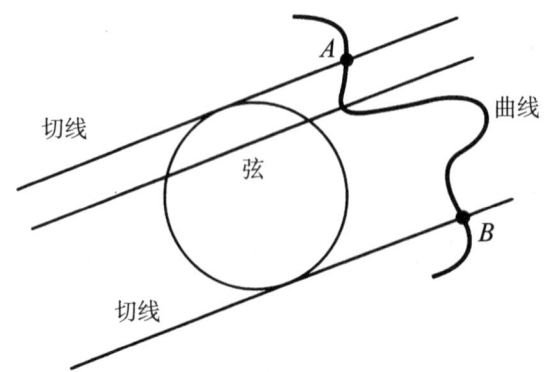

图6.3 如果一条曲线与每一条切线都相交,那么它必然也同每一条弦相交

得到答案了,华生。但我的推理过程中还是存在漏洞。"

"把它说出来,伙计!"

"好吧。有一族曲线会自动地与每条切线都相交,而我能在它们之中找到最短者。这族曲线的起讫点位于圆的同一条切线的两侧,把圆包容在曲线之内,而曲线的其余部分在圆的外面或者干脆就在圆上。请允许我把这种曲线称为**带子**,因为它把那条特定切线同圆束在一起了。"[参见图6.4(a)]

"那么我们需要找出最短的带子?"

"这是相当简单的。首先注意到带子必定同圆在某处相交,否则它将能被'向下抽紧',从而使带子变得更短。设想它先同圆在B点相交,最后又在C点相交。那么AB与CD必然是直线段,否则带子将能沿着这些部分被抽得更短。另外,BC正好是圆的一段弧,理由同上。"[参见图6.4(b)]

"我认为,线段AB与CD必然是圆的切线,"我插了话,"否则,将可

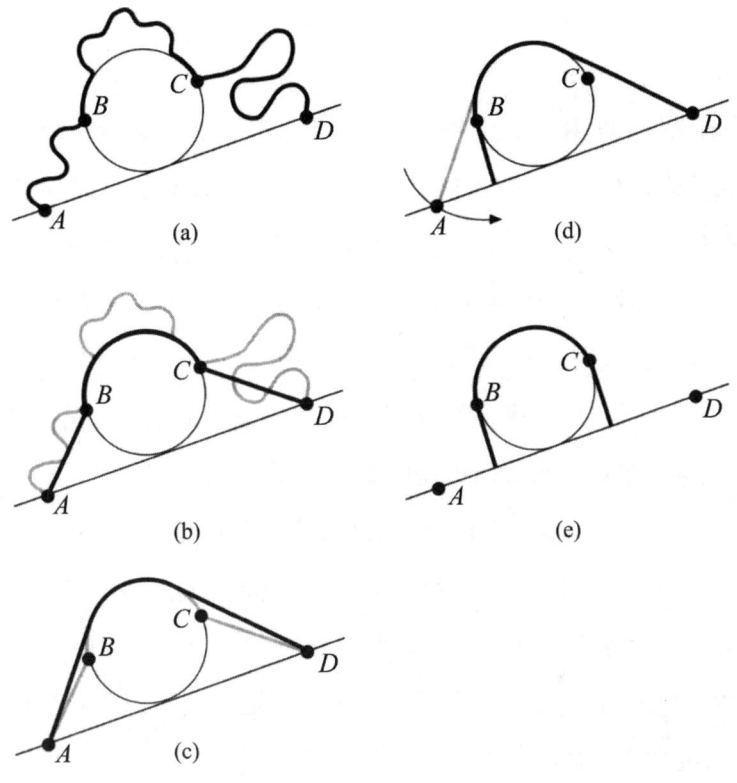

图 6.4

(a) 把圆包容在中间,而起讫点落在同一切线上的曲线将能与圆的所有切线相交,我们把这种曲线称为带子;(b) 曲线段 AB、CD 可以抽紧、拉直,B 点与 C 点之间游离于圆外的部分也可除去;(c) 当 AB、CD 成为圆的切线时,带子将变得更短;(d) 倘若 $\angle DAB$ 不是直角,我们可以转动端点 A,使带子变得更短,对端点 D 也可实施同样办法;(e) 最短的带子将由一个半圆与两条长度等于半径的切线段组成;实际上,它的确是能够与圆的所有切线都相交的最短曲线(从而它也可以与圆的每条弦都相交)

以移动 B 点与 C 点,使之成为真正的切线,从而让曲线变得更短。"[参见图 6.4(c)]

"当然啰,华生。最后我们必然要问,A 点、B 点究竟应该落在何处。我认为,AB 与 DC 都应该同切线成直角。倘若不是如此,我们一定可以把带子转动到一个直角位置,使之变得更短。"[参见图 6.4(d)]

"是啊,是啊,"我大声喊叫,"从而弧 BC 成了半圆,而我们找到了最短曲线。"[参见图 6.4(e)]

"不幸的是,我们找到的仅仅是最短的带子而已,"福尔摩斯说,"不过我觉得很难找到其他更短的曲线了。"

我们默默无语地站在那里几分钟,突然我心中一动,有了一个想法。"好在一切都完好无损,"我喊道,"最短的带子有多少长?"

福尔摩斯答道:"$(2+\pi)\times 100$,大约 514 码。"

"那也是节省了 114 码呢,"我意味深长地说,"我们不能再浪费时间了,我将要求公爵立即派人开始挖沟。"

在他们挖沟时,福尔摩斯同我还在继续寻找更短的曲线,但我们没能找到。那时我突然想起一件事。"福尔摩斯,那本书!我在火车上读过的那本书!"我从大衣袋里掏出了它,"让我看看……是啊!与圆的任意一条弦都相交的最短路线真的是由两条平行直线段与一个半圆所组成的。"

福尔摩斯看了一眼我的书,说道:"华生,我承认自己低估了这本小册子的实用价值。但是,我们怎能知道它所提出的路线真的是最短的呢?"

我告诉他:"毫无疑问,此事已被许多不同的人证明过,对曲线的性质提法上略微有些差异,但不影响全局。首先证出的人名叫约里斯。不过,所有已知的证法都极为冗长而复杂。任何人如能找到一个简洁的证法,必将引发人们极大的兴趣。"

我们进而讨论这类问题的其他变化,例如,一个人在已知尺寸的矩形森林中迷了路,一场暴风雪袭来时冰冻的椭圆形湖面上有一个溜冰者……

突然之间,传来了老奈德的一声兴奋地大喊,他发现了下水道!继续挖掘几分钟之后,下水道的走向已很清楚了。福尔摩斯沿着它做了仔细勘查:"啊,对了,在远处的那个矮树丛里有条小河流过。我们将在那儿找到出口,并逮住前来寻找战利品的窃贼。"

怎样得到最短的沟

华生认为最短的沟由一个半圆与两条直线段组成，这一断言的完整证法异常复杂（参见本书后面所附的"进阶读物"）。然而它的不太严谨的简单道理还是比较容易说清楚的。首先，注意到如果一条曲线与圆的每一根切线都相交，那么它也必然同每条弦相交。之所以如此，可考虑平行于弦的两条切线（见图6.3），曲线分别同它们相交于A、B两点。由连续性可知，联结A、B两点的那部分曲线必然同那条弦相交。

这样一来，我们只要去寻找与圆的每条切线都相交的最短曲线就行了。这简化了证明过程，因为我们可以集中考虑处理起来比较简单的切线，而对其他所有的弦都不予理睬。

由于切线不会同圆的内部相交，从而容易理解最短曲线应位于圆的外部或者在圆上。这当然是对的，但并不显然。不妨设想曲线穿过了圆，则处于圆内的那部分曲线就被白白"浪费"了。然而我们并不能简单地把它拿掉，因若那样做的话，曲线将会分成两部分。我们必须证明可以把曲线重新安置在圆的外部，且不增加它的长度，而仍旧与每条切线都相交。这就需要相当复杂地将可能出现的各种情况一一仔细分析，显然这部分的证明是最难啃的骨头。

解决了这个难题之后，我们再证明它的起讫点应落在圆的同一条切线的两侧，并且把圆包容在里面，如图6.5所示。（在某些地方，曲线有可能同部分圆周重合。）不言而喻，具有此种形状的任一曲线势必会同每一条切线都相交。于是我们需要做的就是找出此种形状的最短曲线了。

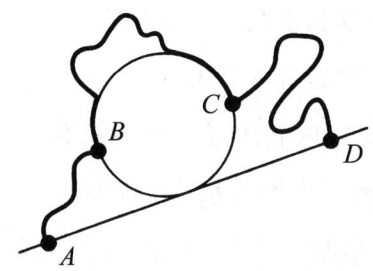

图 6.5　最短曲线的一般形状

将几何知识用到这种特定曲线上去,就容易证明 AB、CD 必须是直线段,而 BC 正好是一段圆弧。然后又可进一步得出 AB、DC 都与切线 AD 成直角,弧 BC 则是一个半圆。(直观地看,不妨设想曲线 ABCD 是橡皮筋做的,A 与 D 可以沿着切线 AD 自由滑动。当橡皮筋收紧时,ABCD 就自动地变成最短曲线。显然 B、C 之间的那部分曲线将紧贴着圆,而 AB、CD 则将收缩成直线段。至于 ∠DAB 与 ∠ADC 是直角,则几乎是显而易见的。)

"福尔摩斯,你认为窃贼是个男人了?"

"华生,脚印清楚地告诉了我们。"

我们藏身在矮树丛中,屏息静气地守候着。太阳下山后不久,我们听见了脚步声,然后是溅起水花与泥浆的声音。一个戴着假面具的人进入了视线,福尔摩斯立即一跃而起,向他扑了过去。然后是一场小小的格斗,罪犯很快被压在地上,福尔摩斯骑在他的身上。他抓住面具,扯开了它。

"我的天哪!是露辛达!"刚刚到达现场的公爵万分惊讶地说,"亲爱的,你到这里来干什么?不要告诉我,你就是那个窃贼?"

"上帝保佑你,公爵大人,我不是贼。上星期一晚上我奉命到地窖里去整理出几盒破烂货,不料地窖的门锁着,而我又找不到钥匙。老仆奈德在地窖里修过自行车,收工以后大概是忘记把钥匙送回去了。不管怎样,我爬进了铁栅窗。有个敞开的排水孔,旁边放着一块石板。保险箱门户洞开,我看到了里面这只滑稽可笑的犀牛塑像,于是我把它拉出来仔细看看。岂知它比我想象中的要沉重得多,一不小心,它就跌进下水道里去了。许多垃圾、破烂随之而下,下水道被堵塞住了。我从上面望下去,根本看不到塑像,于是我认为,它一定是在下水道被堵以前漂走了。"

"露辛达啊,它可是青铜制品呢。"

"先生,我以为它是木制品,涂上了一层金漆而已。当时我惊慌得要命。我用石板盖住了排水孔,在上面堆了几只破旧的纸盒,关上保险箱,又爬出了地窖。今天早晨,我在书房里寻到了一幅地图,上面标明了下水道的走向。我偷偷地把它藏在自己的房间里,我发誓我一直想把它物归原处的。后来,正当我想爬下水道找塑像时,这位先生就向我扑过来了。"她一边说,一边向福尔摩斯投以迷人的一笑。

"这么说,罗宾汉府第的犀牛塑像始终没有离开过地窖的竖井底呀。"公爵若有所思地说,"可我却在精心照料了整整六个世纪的草地里白白挖掘了一条500码长的沟。"他向福尔摩斯狠狠地瞪了一眼。

"这是一个逻辑推理问题,"福尔摩斯说,"正如我常说的那样,当你把一切不可能的结论统统排除之后,那么剩下来的东西不管有多么离奇……"

"是啊!福尔摩斯,是啊,请说下去!"我喊道,"你真是高明啊!"

"它还是不可能的。"福尔摩斯泄气地说。"可能有些事情以完全不同的方式在进行着,而你却错过了它。但你不必再引用我的话了。"他警告我赶快住口。

"我是守口如瓶的。"我答道。可是我的笔与记事本却不听招呼。毕竟,传记作者需要挣钱来养家啊。

第 1 章
双向拼图趣题

英、美两国两位趣题大师之间的一次较量为一门经典的几何游戏——图形分割——搭建了舞台。你能否把一个正六边形分割成几块,然后将它们重组成一个正八边形?或者将一个五角星形变为一个正方形?弗雷德里克森(Greg Frederickson)是一位图形分割专家,他所写的一本奇妙的书透露了这一行中的不少窍门。

趣题大师萨姆·劳埃德(Sam Loyd)与亨利·杜德尼——一个美国人与一个英国人,在他们的早期生涯中曾经携手合作,为著名娱乐杂志《趣闻》(*Tit-bits*)撰写一个趣题专栏。劳埃德负责写题目,亨利·杜德尼[以笔名"司芬克斯"(狮身人面像)]负责写评语、提供奖品等。然而合作关系很快变成了竞争关系,两个人从此分道扬镳。在他们各自放手去干时,竟然在大西洋两岸促成了一个完整的、像模像样的趣题产业,他们把有趣的数学问题编成了简单而引人入胜的故事,吸引了广大群众。

  足以说明他们工作的一个典型例子是劳埃德的轿子趣题[①],见图7.1。这个数学问题要求把轿子图形分成几块(块数越少越好),使它们在重组之后可以拼成一个正方形。劳埃德编了个故事,把这位小姐的轿子巧妙地折叠起来,就可以躲避大雨。答案十分简单、巧妙,但却并非一望而知,见问题1。

[①] 此题被收入"数学思维训练营"中的《萨姆·劳埃德的趣味数学题》,上海科技教育出版社出版。——译者注

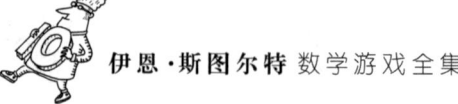

问　题

1. 一位美丽的小姐坐在一顶古代的轿子里。下雨时这顶轿子就关上，变成一个有盖的箱子，而且最严格的检查也不会发觉连接处在哪里。这引出了一道巧妙的趣题。

请你把下图那顶轿子分成尽可能少的块数，再拼成一个正方形。

搬桌子与大富翁游戏

图7.1 萨姆·劳埃德的轿子趣题

这类趣题就是著名的图形分割问题。但我宁可把它说成是答案不止一个的拼图游戏。对于这类历史悠久的数学游戏来说,有一本奇妙而引人入胜的好书,那就是弗雷德里克森所著的《图形分割:平面与想象力》(*Dissections:Plane and Fancy*,参见"进阶读物")。每一位趣题爱好者与业余数学家都值得人手一册。为了激发你们的兴趣,我在图7.2中展示了一个饶有趣味的实例,它来自弗氏的那本书。

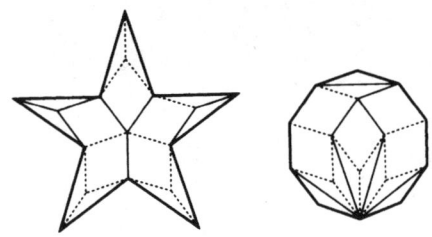

图7.2 图形分割实例,林格伦(Lindgren)的五角星形到正十边形的变换

问　题

2. (a) 你能否将这个五角形分割成 7 块,重新拼成一个正方形。

(b) 你能否将这个正七边形分割成 7 块,重新拼成一个正方形。

(a)
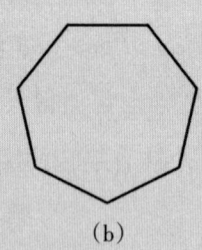
(b)

图 7.3

构成一切图形分割问题基础的基本数学概念是面积。在把图形分割成若干块,并把它们加以重组时,总面积是不会改变的。在这个简单且显然成立的语句背后潜藏着一些极其深刻的数学内涵。需要特别指出的是,在三维空间里,如果切割出来的"块"足够复杂,上述结论是不成立的。在著名的"巴拿赫-塔斯基悖论"里头,一个实心的球体可以"分割"成六块,经过重组之后,可以形成两个球,而每个球的大小都和原来的球一模一样。1924年,巴拿赫(Stefan Banach)与塔斯基(Alfred Tarski)在这个离奇的、匪夷所思的定理上进行了通力合作。它实际上并不是一个真正的悖论,而是逻辑上完全正确的、合情合理的结论。但它看起来是如此不可思议,从而被人扣上了"悖论"的帽子。

提起这个古怪的结论,我是颇为犹豫的,因为它看上去显然不可能,怎么可能通过重组使体积**翻倍**呢?奥妙在于,那些"块"的形状极其怪异,以致它们并不具有明确的体积。把它们说成是"块",其实已经有点延伸了语义,因为它们并不是单连通的物体,而更像是无限复杂的球状尘埃云。在我写的《从这里到无穷大》(*From Here to Infinity*)一书中对此有一些简明解释,而在惠根(Stan Wagon)的著作《巴拿赫-塔斯基悖论》(*The Banach-Tarski Paradox*)中则对它作了淋漓尽致的阐述(参见"进阶读物")。

当然,用现实世界中的物体来实现这种理论上的分割是根本不可能的,因此经营贵金属的生意人大可不必担心,然而它确实也表明了"体积"概念的奥妙与复杂。即便描述一下其数学结构也需要很多篇幅的论证及一些深奥的数学理念。奇怪的是,正如塔斯基在1925年所

证明过的,在平面几何中,无论分割块的形状有多复杂,其面积是不会改变的,因而不存在类似"悖论"。不过,在球的表面上,那样的怪事仍有可能出现。

在分割物体时,如果被切割下来的块的形态足够良好,即有确定的面积或体积(尤其当它们是由直线与平面组成的多边形或多面体时),就不会有巴拿赫与塔斯基那种严重扭曲直觉的结构。事实上,在1833年,普鲁士军队的一名中尉军官盖尔文(P. Gerwein)已经解答了一个匈牙利数学家波尔约(Wolfgang Bolyai)所提的分割问题。盖尔文证明,给出任意两个等面积的平面多边形时,一定存在同一套有限块数的多边形,它们通过重组以后,能拼出两个图形中的任何一个。这一重要结果一般称为波尔约-盖尔文定理,然而实际上,华莱士(William Wallace)在1807年就已首次给出了证明。

波尔约-盖尔文定理不能推广到三维空间。1900年,希尔伯特(David Hilbert)曾问起任意两个体积相等的多面体是不是"分割等价的",即可由同样的多面体块重组而成。一年后,德恩(Max Dehn)证明了一个令人惊讶的结果:即使是等积的立方体与正四面体也不是分割等价的。

当然,真正的乐趣来自一些简洁或惊人的分割等价图形。通过试错法,你有望取得一些进展,但你必须拥有极好的空间想象力。上文所提到的名著《图形分割:平面与想象力》有不少优点,其中之一便是,在揭示一系列分割图形的同时,还阐明了许多如何找出它们的普遍原理。

其中之一是所谓"阶梯原理"(见图7.4),将一个图形沿着一个"楼梯"切割,然后移动一级台阶,使之形成另一个不同形状的图形。劳埃德与亨利·杜德尼在他们的众多趣题中曾经广泛使用这一原理。出生于英国、在美国从事计算机程序设计及顾问的科利森(David Collison)是一个热衷于分割问题的人,他曾根据这一原理设计过不少巧妙的图形分割题。图7.5就是他的一个原创题目,通过分割法证明著名的毕达哥拉斯定理,相应的数据是 $5^2+12^2=13^2$,他是利用正五边形来证明的。本例中你可以领悟到利用阶梯原理的不同方法。

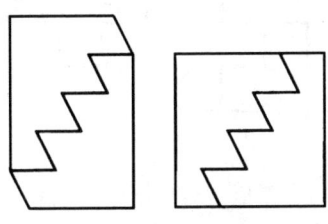

图7.4　阶梯原理

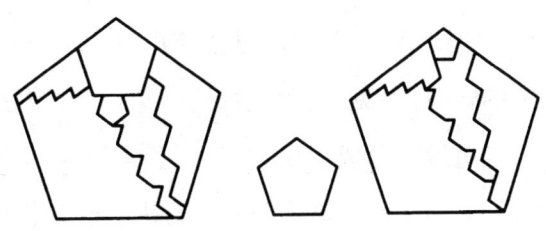

图7.5　科利森的毕达哥拉斯分割

其中最大的正五边形面积为169个平方单位,其他两个小的正五边形面积分别为25与144个平方单位

另一种普遍方法称为"镶嵌原理"。许多有趣的形状可以植入到镶嵌图案之中——以铺瓷砖的方式覆盖全平面。如果有两个不同的镶嵌图案,分别由面积相等的基本瓷砖图案组成,则当它们重叠放置时,就很有可能从两个图案中"读出"具体的分割裁剪办法。图7.6给出了一个简单的例子,其中的一个图形为希腊十字形,另一个则是正方形。

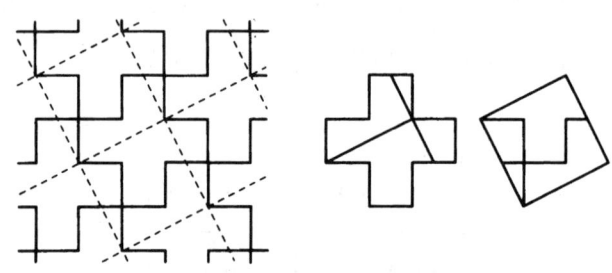

图7.6 镶嵌:从希腊十字形到正方形

图7.7为我们揭示了同一基本原理的更巧妙运用。这一从正十二边形到拉丁十字形的分割重组法的发明人是林格伦(Harry Lindgren),他是一位世界级的图形分割专家,也是《几何图形分割》(*Geometric Dissections*)一书的作者(参见"进阶读物")。第一步(也是最难想到的一步)是把正十二边形分割成三块,并将它们重组为一个相当复杂的形状[见图7.7(a)]。与正十二边形等面积的拉丁十字形也要分割成两块[见图7.7(b)]。然后分别将这两种形状的瓷砖图案铺满平面[见图7.7(c)]。对比这两个瓷砖图案,找出如图7.7(d)所示的分割方法。

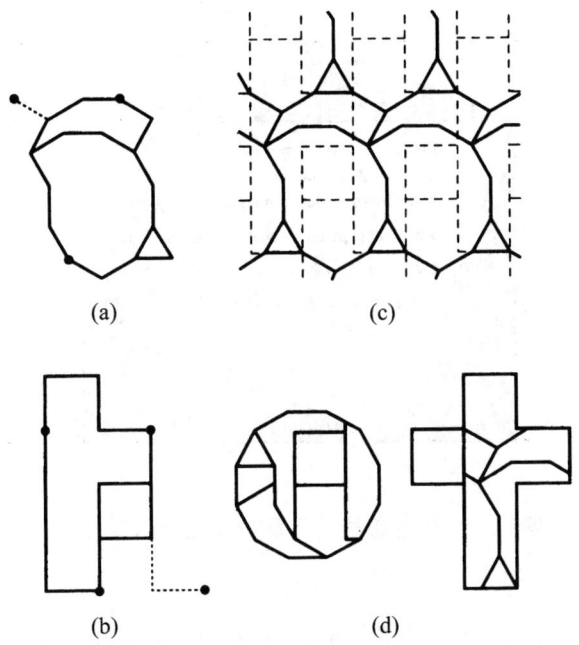

图 7.7 林格伦的正十二边形到拉丁十字形的变换
(a) 将正十二边形分割成三块,并将它们重组为一个瓷砖图案;(b) 分割拉丁十字形;(c) 用两种方法镶嵌平面;(d) 对比两个瓷砖图案,从中找出具体的分割变换方法

艾里(George Biddle Airy)曾发表过基于镶嵌原理的另一种分割法,用来证明毕达哥拉斯定理,此人在1836至1881年期间,担任英国皇家天文学家。图7.8中的那首打油诗就是他的作品。

第三种普遍方法称为"条带原理"。把两个图形切割成若干块,它们能拼成一条无限长的带子。如果将带子加以重叠,就可以得到具体

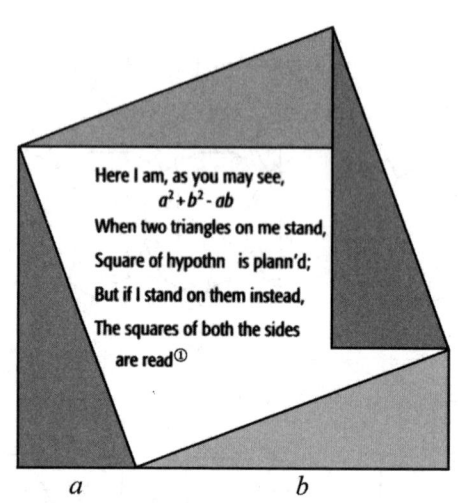

图7.8 毕达哥拉斯定理的艾里证法

的分割方法。图7.9表明毕晓普(Paul Busschop)是怎样利用条带法将正六边形分割重组后变为正方形的。毕晓普是一位比利时人,曾写过一本独立钻石棋②的书,1879年由他的兄弟匿名出版。

图7.10是表明大卫王之星怎样变为正方形的,用的也是同样方法。发现者名叫布拉德利(Harry Bradley),他是一位美国工程师,1897年曾在美国麻省理工学院担任讲师。

---

① 你们看到我站在这里,面积等于 a^2+b^2-ab,加上右、上方的两个三角形后,就成为斜边上的正方形;但如加上左、下方的两个三角形,那就是两直角边上的正方形之和了。——译者注

② 传说由法国巴士底狱中的一名死囚发明,1970年代传入我国,一度大为流行。——译者注

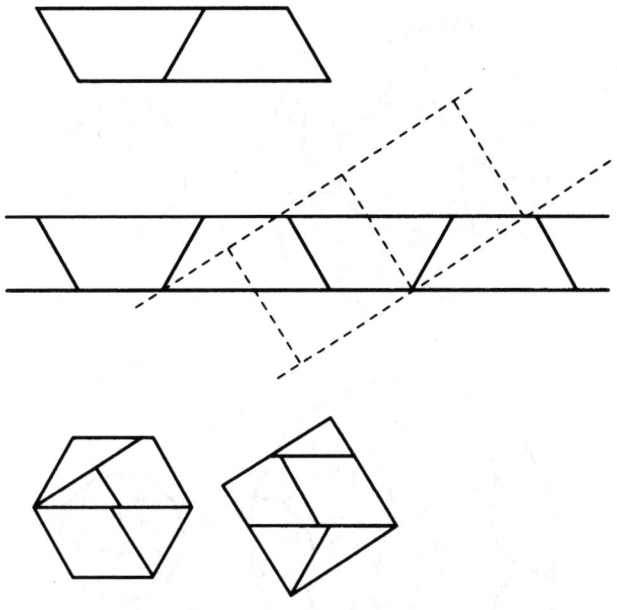

图7.9 毕晓普的正六边形到正方形的变换

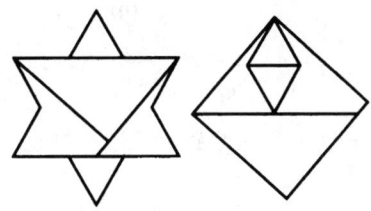

图7.10 布拉德利的从大卫王之星到正方形的变换

分割图形问题并不局限于一对一的变换。有时可将一整个系列的图形进行分割重组。图7.11给出了两个实例:一个是将四个正八边形拼成一个;另一个则是将六个正十二边形拼成一个。

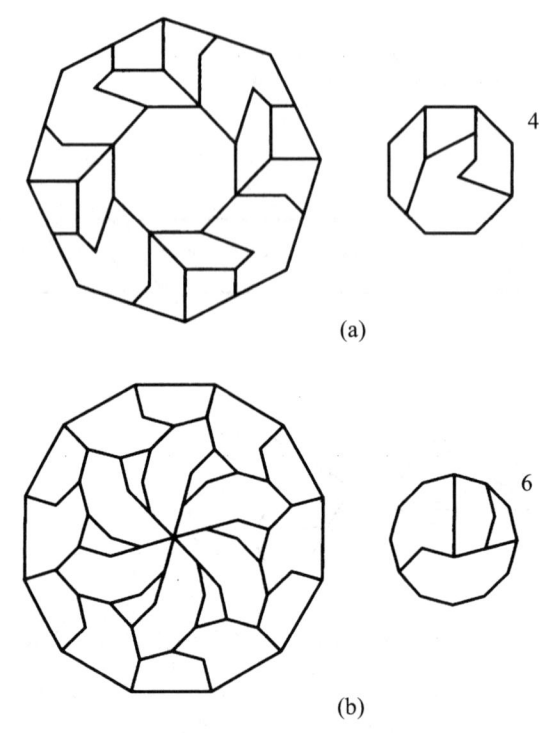

图7.11
(a) 四个正八边形拼成一个；(b) 六个正十二边形拼成一个

分割问题实在太吸引人了，以致有时眼睛往往会误导大脑。1901年，劳埃德就曾犯过一个难忘的错误（弗雷德里克森曾称之为"他最愚蠢的错误"），当时他曾断言，可以将僧帽形（从正方形中去掉四分之一后剩下的图形）变换为正方形，如图7.12(a)所示。不幸的是，这个看上去极像"正方形"的图形实际上却是一个矩形，其边长之比为49∶48。具有讽刺意味的是，劳埃德居然称之为"自作聪明者趣题"。他的竞争对手亨利·杜德尼在1911年指出了这一错误,并给出了一个正确的分割方法,见图7.12(b)。所以倘若你想去寻找自己的分割办法,应该切记许多家长向他们的子女所作的谆谆教导:"玩得开心,但要小心。"

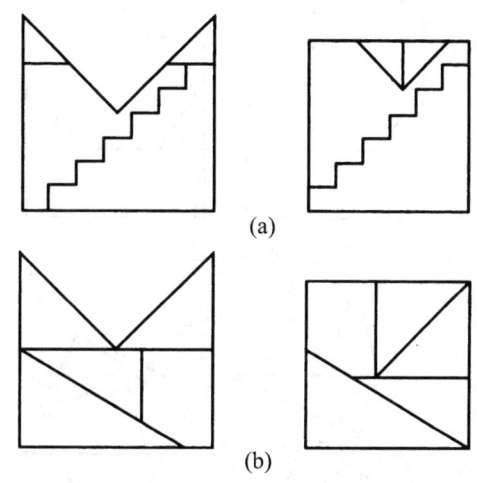

图7.12 僧帽形的分割
(a) 劳埃德的错误解法;(b) 亨利·杜德尼的修正

答 案

1.

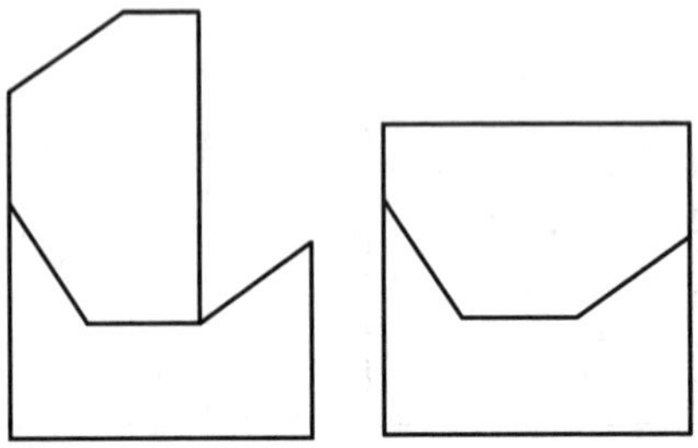

图 7.13

2.

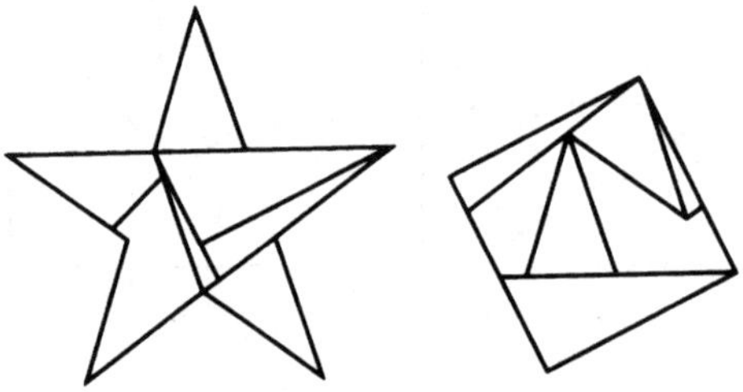

(a)

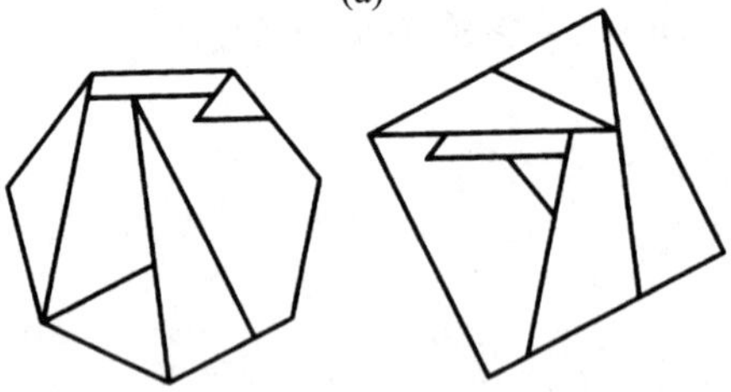

(b)

图 7.14

(a) 蒂尔森(Philip Tilson)的五角星形到正方形的变换；(b) 西奥博尔德(Gavin Theobald)的正七边形到正方形的变换

第 8 章
一个被忽视的数的传奇

黄金分割数 1.618 034 大名鼎鼎，是趣味数学的一个重要话题，出现在菠萝、螺线及拥有800多年悠久历史的兔子繁殖的指数型增长问题中。现在我们来看它的一个知名度较小，但同样十分有趣的近亲（指的是数，不是兔子）1.324 718，也就是被建筑学家帕多文（Richard Padovan）称为"塑料数"的角色。

搬桌子与大富翁游戏

圣·乔治(Alan St. George)是一位数学雕塑家，经常在其作品中用到著名的"黄金分割比"。1995—1996年，他展出了他的许多作品，在他的展品目录中提到了黄金分割比的一位默默无闻的近亲——"塑料数"："建筑学家帕多文曾在一系列论文中揭示了这个数的种种性态……。塑料数历史较短，用作设计工具时能表现出不少优点，其数学出处几乎与它的黄金分割比表亲同样值得景仰。它在自然界中似乎出现得比较少，不过，人们也并没有去刻意寻找它。"

我觉得这很有趣，于是决定深入发掘这个神奇的、人们知之不多的数。我很怀疑它曾被人们一再重复发现，并被冠上形形色色的各种名字。

为了作一对比，让我从黄金分割比ϕ开始说起。(读者们可以在"进阶读物"中找到利维奥(Mario Livio)写的非常出色的书。此数能满足方程$\phi=1+\dfrac{1}{\phi}$，从而可以得出$\phi=\dfrac{1+\sqrt{5}}{2}$，其近似值为1.618 034。黄金分割比同正五边形的关系十分密切——事实上，它就等于正五边形的对角线与其边长之比，由此可推及正十二面体与正二十面体。它同著名的斐波那契数也有紧密联系。这一联系可参见图8.1,即构成螺线系统的一串正方形。最初的正方形(图上标以黑色)边长为1,左侧近邻的小正方形也是如此。然后加上一个边长为2的正方形,同前两个紧贴在一起,再后面是一系列边长为3,5,8,13,21,…的正方形。这些边长构成所谓的斐波那契数,其中的每一个数都是前面两个数之和。从图上看起来非常清楚——譬如说,边长为21的正方形同边长分别为13与8的两个正方形叠在一起有着同样的高。

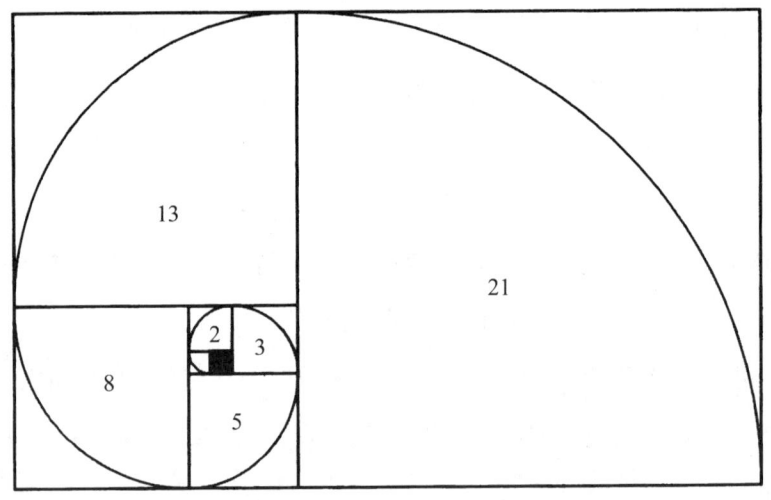

图8.1　螺线形排列的正方形构成斐波那契数

相继的两个斐波那契数之比趋向于黄金分割比。例如,$\frac{21}{13}$=1.615 384。这个事实其实是斐波那契数生成法则与方程$\phi=1+\frac{1}{\phi}$共同作用所产生的结果。在图8.1中,我有意在每个正方形里添加了一个四分之一圆,以拼成一个精致的螺线。这种螺线是所谓"对数螺线"的一个很好近似,后者在自然界中频频出现,例如鹦鹉螺的外壳。螺线的每次向外延伸,其生长率大致等于黄金分割比。

以上说的是黄金分割比的故事,现在轮到与之类似的塑料数了。让我们从一个图开始,它与图8.1类似,但却是由一系列正三角形组成的,见图8.2。最初的小正三角形涂成黑色,然后是以顺时针方向螺旋形拼起来的正三角形。得到的螺线仍然很像对数螺线。为了使图形形态合适,前三个正三角形的边长都是1,接下来的两个三角形边长为2,后面的边长是3,4,5,7,9,12,16,21,等等。这里面仍有一条简单的生成规则,同斐波那契数类似:数列中的每一个数都等于跳开一个数之后的前面两数之和。例如,12=7+5,16=9+7,21=12+9。从图中可以

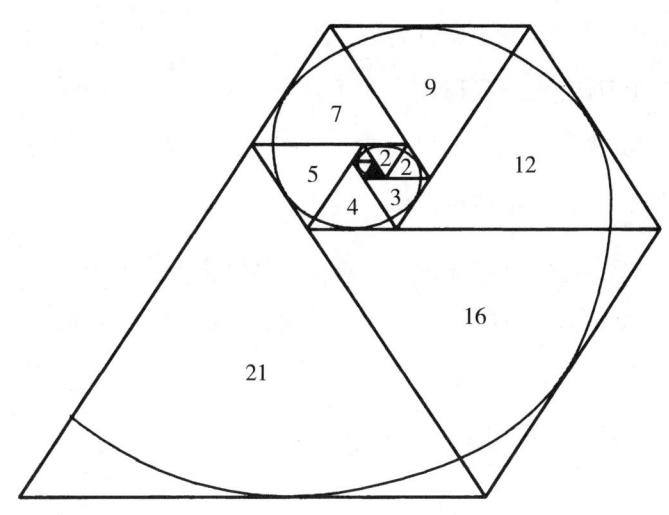

图8.2 螺线形排列的正三角形构成帕多文数

再次清楚地看到,正三角形及其附加条件足以使它们配合得天衣无缝。为了纪念帕多文,请允许我将此数列命名为**帕多文数列**。

实际上,帕多文先生要求我不要这样做,因为他并没有发明此数。但这又有什么关系?佩尔并未发明(或解出)佩尔方程,波尔约与盖尔文也没有首先证明波尔约—盖尔文定理。你们将会看到,我这样做是有理由的——它来自一个意大利笑话。我以为,人们理应把数学概念搞得**有趣些**。因此,尽管我一次又一次地向帕多文衷心致歉,但是为了新闻写作的需要,我还是要坚持这种不符合史实的说法。

奇妙的是,Pádová这个单词是帕多瓦城(Padua)的意大利文写法,而斐波那契是个来自比萨的意大利人,比萨距离帕多瓦城大概有100英里[①]。"斐波那契"据说是"波那契之子"的意思,然而他自己使用的名字却是"比萨的莱昂纳多",他的这个有名的绰号像是19世纪才发明的。我很想重新命名斐波那契数,把它改称为"比萨数列",使它保持意大利的地理特色,但我还是克制了这种冲动,沿用了传统的叫法。

表8.1给出了斐波那契数列$F(n)$与帕多文数列$P(n)$的前20项。就其代数形式而言,生成规则为:

$F(n+1)=F(n)+F(n-1)$, 其中$F(0)=F(1)=1$。

$P(n+1)=P(n-1)+P(n-2)$, 其中$P(0)=P(1)=P(2)=1$。

两个数字家族看起来非常类似。此表也给出了"佩林数"$A(n)$,稍后我们将对它加以说明。

---

① 1英里约等于1.609千米。——译者注

表 8.1

n	F(n)	P(n)	A(n)	n	F(n)	P(n)	A(n)
0	1	1	3				
1	1	1	0	11	144	16	22
2	2	1	2	12	199	21	29
3	3	2	3	13	343	28	39
4	5	2	2	14	542	37	51
5	8	3	5	15	885	49	68
6	13	4	5	16	1427	65	90
7	21	5	7	17	2312	86	119
8	34	7	10	18	3739	114	158
9	55	9	12	19	6051	151	209
10	89	12	17	20	9790	200	277

如果你在斐波那契数列中取相继项之比，例如 $\frac{8}{5}, \frac{13}{8}, \frac{21}{13}$，等等，你将发现这些比值趋近于它们的极限——黄金分割比。譬如说，$\frac{21}{13}$=1.6153, $\frac{34}{21}$=1.6190, $\frac{9790}{6051}$=1.6179。有一些简单方法可用来证明它。基于同样的理由，从现在开始我将称之为 p 的塑料数（其近似值为 1.324 718），可视为相继帕多文数比值之极限。例如 $\frac{200}{151}$=1.3245。帕多文数的生成规则将导出方程 $p=\frac{1}{p}+\frac{1}{p^2}$ 或其等价形式 $p^3-p-1=0$。数 p 是这个三次方程的唯一实根。

帕多文数列的递增远比斐波那契数列缓慢，这是因为 p 小于 ϕ。

帕多文数列有不少有趣的模式。例如,从图8.2中可以看出21=16+5,因为沿着某条合适的边邻接的三角形匹配得非常之好;类似地有16=12+4,12=9+3,等等。这告诉我们 $P(n+1)=P(n)+P(n-4)$,它可以视为推导出数列其余各项的另一个有用公式。

相应的方程 $p=1+\dfrac{1}{p^4}$ 或 $p^5-p^4-1=0$ 是非满足不可的,不过从代数角度来看,被定义为三次方程根的 p 也必须满足五次方程,这并非显然。你们一定想弄清楚何以如此。

在表8.1的纵列中,我可以指出某些数既是斐波那契数又是帕多文数,例如3,5,21,请问:还有别的数吗?如果有,有多少?它们是有限的还是无限的?德·韦格(Benjamin de Weger)证明,既是斐波那契数又是帕多文数的只有这些数再加上平凡解0,1,2(参见"进阶读物")。我又注意到某些帕多文数(例如9,16,49)是完全平方数,请问:还有别的数吗?有多少?此外,它们的平方根3,4,7同样也是帕多文数。这种现象是纯属巧合,还是另有普遍规律?这些问题都悬而未决,值得人们进一步研究。

生成帕多文数的另一种方法模仿了用一系列正方形生成斐波那契数的办法,但用的是一系列长方体——有着矩形面的三维盒子。我们将得到一种长方体构成的三维螺线。说得更详细一些,我们可以从边长为1的正方体开始,在它的旁边加一个同样的正方体与之邻接,其结果将是一个1×1×2的长方体,然后我们在面1×2上再加上另一个1×1×2的长方体,得到一个1×2×2的长方体。在面2×2上加上一个2×2×2

的正方体，得到一个 2×2×3 的长方体。在面 2×3 上加上一个 2×2×3 的长方体，得到一个 2×3×4 的长方体，就这样依次类推。不断重复这一过程，总是依次在东、南、下、西、北、上六个方向加上长方体。容易看出，在每一步，新形成的长方体的三边之长必定是三个相继的帕多文数。

法国数学家卢卡斯（Édouard Lucas）在 1876 年研究过采用同帕多文数一样的生成规则，但使用不同的初始值产生的数列。佩林在 1899 年进一步发展了他的想法，因而这个数列现在被命名为佩林数列 $A(n)$。佩林数与帕多文数的初始值不一样，其中 $A(0)=3, A(1)=0, A(2)=2$。在表 8.1 中也列出了佩林数的值。相继佩林数之比的极限也趋近于 p，但卢卡斯还注意到另一个更加奥妙的性质。只要 n 是一个素数（除了 1 与本身之外没有别的因子的数），那么 n 必然可以整除 $A(n)$。例如，13 是一个素数，$A(13)=39$，而 $39 \div 13 = 3$。类似地，19 是一个素数，$A(19)=209$，而 $209 \div 19 = 11$。

这个定理可用来判定一个数是否为合数（即不是素数的正整数），这是一个神奇的测试方法。例如，当 $n=18$ 时，我们有 $A(18)=158$，而 $158 \div 18 = 8.777$，商不是整数。因此，可以判定 18 为合数。于是我们可以利用佩林数来测试非素数：不能整除 $A(n)$ 的数 n 必为合数。这种测试的一个奇异特色是，它并不能真正给出 n 的一个因数，而通常为了证明一个数不是素数，最明显不过的办法便是给出它的一个因数。当然，在这个例子里，显而易见 $18=2\times3\times3$，但对很大的数来说，求出因数也许并不容易；不过，你仍然可以用 n 去除 $A(n)$，看看得出了什么样的结果。

倘若 n 整除 $A(n)$，n 必定是素数吗？这是卢卡斯定理不能断言的。

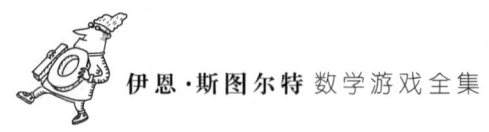

就像"如果下雨,那么我身上会湿",从这句话我们并不能推出:"如果我身上湿了,那么一定是下雨了"(因为我也有可能在一个大晴天失足跌入池塘而浑身湿透)。实际上,答案真的是"否"。1982年,滑铁卢大学的夏利特(Jeffrey Shallit)发现了两个合数可以整除相应的佩林数,这两个数是271 441与904 631。后来,他又发现了第三个数16 532 714。人们又利用几个相继佩林数设计出更复杂的素数测试法,这种改进了的方法至今尚未发现反例。

第 9 章
"大富翁"是公平的游戏吗

没有租金收入,又欠着银行的债,你把未来财政状况的改善完全寄希望于骰子的孤注一掷……听起来真像是证券市场崩盘的情形。但这不过是名为"大富翁"的游戏而已。它无疑是一个游戏,但它是一个数学游戏吗?没错,它是的。就像一天之内要进行两场比赛的棒球赛的第一场那样,我们开始着手证明它。本章犹如一场热身赛,我不打算去讨论真正的游戏,而只研究它的一个简化版本。一些令人不快的细节要放到下一章去讲。

搬桌子与大富翁游戏

没有玩过"大富翁"游戏的家庭恐怕不多吧!它也许是世上最著名的桌上游戏了,涉及运气、策略及残酷无情的经济学。同这些桌上游戏有密切联系的数学知识十分有趣且相当深奥:概率论专家称之为马尔可夫链,其概念与理论是由俄罗斯数学家马尔可夫(Andrey Andreyevich Markov)在20世纪初创立的。

我不想在此向你介绍"大富翁"游戏的所有规则,但我们必须知道玩家们要按照顺序轮流掷一对骰子,骰子的点数之和决定了他们应该走过多少个格子。有一个游戏规则规定,当掷出的两只骰子点数相同时,应该重新掷一次(但如果有人连续三次都掷出相同的点数,那他就要进停留地),我在本章中要做的简化之一是忽略这一规则。如果你不想忽略它,你仍可应用类似的分析方法,但其中涉及的数学会更加复杂——事实上,目前它已经够复杂了。

玩家们从"起点"这一格开始出发。凡是玩过这种双骰子游戏的人都知道,有些和数要比别的和数更容易出现。实际上,最常见的和数是7,其出现概率为$\frac{1}{6}$。这是因为有6种办法可以得出和数7,即

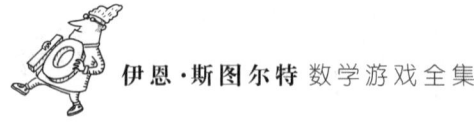

1+6,2+5,3+4,4+3,5+2,6+1,而两只骰子的全部组合共有36种可能性,从而出现7的概率为 $\frac{6}{36}=\frac{1}{6}$。其次是和数6与8(出现概率为 $\frac{5}{36}$),然后是5与9(出现概率为 $\frac{4}{36}=\frac{1}{9}$),4与10(出现概率为 $\frac{3}{36}=\frac{1}{12}$),3与11(出现概率为 $\frac{2}{36}=\frac{1}{18}$),最后是2与12(出现概率为 $\frac{1}{36}$)。因而第一位玩家(在玩许多次这种游戏之中)最有可能走到第七格,而这个格子是"机会"——走到这一格的人必须在一叠"机会卡"中摸出一张卡片,并按照卡片上的指令行动。不过,为了便于分析问题,我再一次假定玩家们不必去理睬写在卡片上的指令。位于"机会"格子两侧可能性稍小一些的两个格子名叫"伊斯林顿区安吉尔"(美国版中叫"东方大街")与"尤斯顿路"(美国版中叫"佛蒙特大街")。因而第一位玩家极有可能买到两者之一,而它们都是值得拥有的地产。这样一来,其他玩家要想在第一次掷骰子时买到一个地产的机会就减小了。

这无疑就是游戏设计者要把较便宜的地产(租金收入也较少)放在接近起点处的理由之一。价格很贵但真正有利可图的"公园巷"(美国版中叫"公园地")、"梅费尔区"(美国版中叫"海滨木板路")是要掷上好几轮骰子才能沿着棋盘走到的,而在那时,(推测起来)各人的概率大概扯平了。

事实真的如此吗?

要回答这个问题,必须就两种版本分别论述。其一是游戏的简化版,如果不做重大改动是无法用到实际游戏中去的,但是,简化版也有

搬桌子与大富翁游戏

简化版的好处,它能说清楚马尔可夫链方法,因为涉及的方程组比较容易解出。另一个则是未经简化的完整游戏版本,情况错综复杂。尽管它也是用马尔可夫链方法来解决,然而所需的计算量空前庞大,非要借助电子计算机不可。在本章中,我将就简化版加以讨论,阐明有关的原理,并在下一章中过渡到真正的游戏。

为了避免处处需要添加括号的解释,下面让我们直接列出一张表(表9.1),给出大西洋两侧(指英、美两国)的不同叫法。(棋盘上可能有数以百计的不同名称,因不同的国家与地区而异,还得加上各种新闻

表9.1

英国	美国	英国	美国
起点	起点	自由公园	自由公园
老肯特路	地中海大街	斯特兰德大街	肯塔基大街
公共基金	公共基金	机会	机会
怀特查佩尔路	波罗的海大街	舰队街	印第安纳大街
所得税	所得税	特拉法尔加广场	伊利诺伊大街
国王十字车站	雷丁铁路	沼泽地教堂街站	巴尔的摩-俄亥俄铁路
伊斯林顿区安吉尔	东方大街	莱斯特广场	大西洋大街
机会	机会	考文垂大街	文特诺大街
尤斯顿路	佛蒙特大街	自来水厂	自来水厂
本顿维尔路	康涅狄格大街	皮卡迪利大街	马文花园
合理停留/停留地	合理停留/停留地	进停留地	进停留地
蓓尔美尔街	圣查理广场	摄政街	太平洋大街
电力公司	电力公司	牛津大街	北卡罗来纳大街
白厅	联邦大街	公共基金	公共基金
诺森伯兰大街	弗吉尼亚大街	邦德大街	宾夕法尼亚大街
玛里利本车站	宾夕法尼亚铁路	利物浦街站	短程铁路

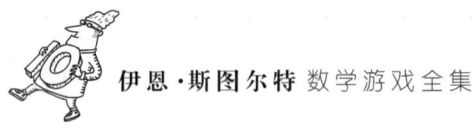

(续表)

英国	美国	英国	美国
博街	圣詹姆士广场	机会	机会
公共基金	公共基金	公园巷	公园地
马尔伯勒街	田纳西大街	奢侈税	奢侈税
葡萄街	纽约大街	梅费尔区	海滨木板路

媒体推销、搭卖的货色——根本不可能把它们全部列举出来。）

为了用本游戏的简化版本回答上述问题，我将作出更进一步的简化。原来要考虑的是一次掷出两只骰子，现在不妨假定将一只骰子连掷两次。从这个观点来看，每位玩家先后走了两步：第一步是"幽灵步"，走到的格子里不管写的是什么都可不必理睬；第二步则是"真实步"。因为我们所关注的主要是概率的"流动"，而且我们对"机会"及"公共基金"两格中的指令可以置之不理，所以将游戏中的一步分拆为两步是完全合理的。

用数学家的眼光看游戏棋盘时，情况就像图9.1所示的样子。每一个格子（图上用一个小圆圈来表示）与（按顺时针方向排列的）后面6个格子都用线连起来。我将利用此图来回答最简单的问题：本游戏最终是不是公平？也就是说，在掷过许多次骰子之后，是否进入所有格子的概率都是相等的？通过上文我们已经知道，在一位玩家走过以后（掷骰子两次，一个幽灵步加上一个真实步），进入各个格子的概率是不相等的。在下一章你们将会看到，纵然掷骰子次数非常大，在真实游戏中，等可能性也是不成立的。

图 9.1 数学家眼光中的"大富翁"游戏(简化版)棋盘

为方便起见,我们将每个格子编号,从 0 到 39,"起点"的编号为 0。格子 40 绕了一圈回到格子 0,我们可以认为,编号数是按模 40 来取的,也就是说,凡是大于 39 的数都可用该数除以 40 后的余数来替代。现在我们设想:只有一位玩家在不断地抛掷一只骰子,按照掷出的骰子点数,在棋盘上不断地走动。关键问题是:在抛掷了一定次数之后,走到某一指定格子的概率是多少?我们希望当掷骰子次数非常大时,这个概率十分接近于 $\frac{1}{40}$,对棋盘上 40 个格子中的每一个都是如此。也

就是说,它们应当统统(或者接近于)相等。

计算这些概率的办法是,看看当骰子被越来越多地抛掷时,概率分布究竟是如何"变动"的。每个分布都可用一个由40个数组成的序列来表示,即分别走到第0,1,2,…,39号格子的概率。开始玩游戏时,玩家在格子0(起点)的概率是1(必然事件的概率是1),从而概率分布看上去就是

$$1,0,0,0,\cdots,0,$$

格子0的概率是1,其他39个格子的概率统统是0。

掷过一次骰子(幽灵步)后,分布变成

$$0,\frac{1}{6},\frac{1}{6},\frac{1}{6},\frac{1}{6},\frac{1}{6},\frac{1}{6},0,0,\cdots,0。$$

也就是说,走到格子1,2,3,4,5,6中的每一个的概率都是$\frac{1}{6}$,除此之外,你到不了其他任何一个格子。

请注意,原先集中在格子0上的总概率1,现在被分作相等的6份,分别移动到格子1,2,3,4,5,6上去了。这是一个完全普遍的过程。每掷一次骰子,某个给定格子上的概率就要除以6,而这相等的6份将分别"流动"到(按顺时针方向排列的)后面6个格子上去。因而在下一次掷骰子时,原先在格子1上的$\frac{1}{6}$将重新分布如下:

$$0,0,\frac{1}{36},\frac{1}{36},\frac{1}{36},\frac{1}{36},\frac{1}{36},\frac{1}{36},0,0,\cdots,0。$$

在格子2至6上的$\frac{1}{6}$也将作类似的重新分布,但每次都要移动

一位：

$$0,0,0,\frac{1}{36},\frac{1}{36},\frac{1}{36},\frac{1}{36},\frac{1}{36},\frac{1}{36},0,0,\cdots,0;$$

$$0,0,0,0,\frac{1}{36},\frac{1}{36},\frac{1}{36},\frac{1}{36},\frac{1}{36},0,0,\cdots,0;$$

$$0,0,0,0,0,\frac{1}{36},\frac{1}{36},\frac{1}{36},\frac{1}{36},\frac{1}{36},0,0,\cdots,0;$$

$$0,0,0,0,0,0,\frac{1}{36},\frac{1}{36},\frac{1}{36},\frac{1}{36},\frac{1}{36},0,0,\cdots,0;$$

$$0,0,0,0,0,0,0,\frac{1}{36},\frac{1}{36},\frac{1}{36},\frac{1}{36},\frac{1}{36},\frac{1}{36},0,0,\cdots,0。$$

最后我们把每一特定格子上的概率加起来。譬如说,格子6(上面每一个序列中的第七项)在前面5个序列中的每一个都得到$\frac{1}{36}$,但在最后一个序列中得到0,从而其总和为$\frac{5}{36}$。最后的结果将是：

$$0,0,\frac{1}{36},\frac{2}{36},\frac{3}{36},\frac{4}{36},\frac{5}{36},\frac{6}{36},\frac{5}{36},\frac{4}{36},\frac{3}{36},\frac{2}{36},\frac{1}{36},0,0,\cdots,0。$$

这个结果同抛掷两只骰子时的数学期望值是完全一致的。

问　题

在第3次掷骰子后,概率分布的序列变成了什么样?

但现在我们可以继续进行下去。在此过程中,有一点必须记住:任何一个流动一旦超过了格子39,就必须返回到起点再往下进行。

编写一个计算机程序来一一计算这些概率分布极其容易。图9.2以直方图显示了这些结果,它是以第二次掷骰子后出现的"三角形分布"开始的。对随后的每一次掷骰子,概率分布图都向前推进一格。你可以看到概率的峰值每一步都要向右移动几个格子(实际上,平均每一步大概要移动3.5格,3.5这个数正好是1,2,3,4,5,6的算术平均值)。原先很尖锐的三角形形状变得越来越平、越来越宽了。尽管在前13次掷骰子后出现的分布并不能说成均匀分布,但若图中显示的演变趋势继续下去,最终尖峰将被完全拉平,而所有的概率值将变得几乎相同。如果你继续用计算机模拟,你会发现情况正是如此。了解一下为什么计算机模拟会得出这样的结果对我们很有帮助。

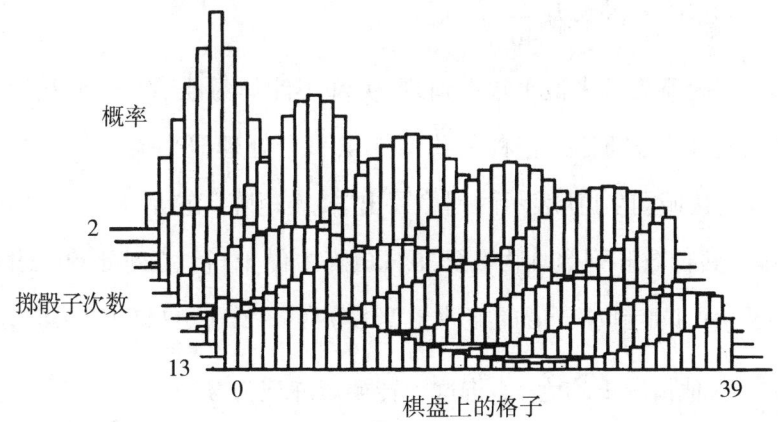

图9.2 40个格子上的概率分布,以及每次掷骰子后的变化

每个直立矩形的高度表示走到相应格子的概率值,本图以三维形式将第2次到第13次掷骰子后得到的概率分布图从后到前叠在一起

有一种办法是求助于物理知识。让我们回到图9.1,设想概率由电荷来表示。游戏开始时,总电荷1完全集中在格子0。每掷一次骰子,每个格子上的电荷就被六等分,并沿着图上所画的直线段分别流到后面的6个格子中去。我们希望到最后,电荷流动将趋于唯一的稳定态,而且我们可以设想,这样的稳定态必然出现在该图形呈现出对称性的情况时。现在有一个40个顶点的多边形,不管你选取哪一个顶点,所有的流线看起来都一样。换言之,整个图形在多边形旋转时是对称的。由此可知,唯一的稳定态应该对所有的转动是对称的。但这意味着,在系统达到稳定态时,每个顶点上的电荷都相等。由于总电荷保持不变,我们必定得出每个顶点上的电荷都是 $\frac{1}{40}$ 的结论。让我们重新把电荷理解成概率,可以发现,概率分布将趋于一个稳定态,此时每个格子上相应的概率为 $\frac{1}{40}$。

以上论证听起来似乎很有道理,但却不能作为证明。因而我们必须利用马尔可夫理论,它将为我们提供一个处理概率流动的系统方法。首先按照图9.1所表示的网络写出"转换矩阵",它是一个40×40的方矩阵,其行数和列数均由0至39。矩阵中位于 r 行、C 列处的值表示从格子 r 一步走到格子 C 的概率。当 $C=r+1, r+2, \cdots, r+6$(模40)时,其值为 $\frac{1}{6}$,其他情况下均为0。将这个转换矩阵记为 M。

然后便是利用 M 所作的一系列计算,请参看后面的简要提示。结果表明,长远看来,概率分布真的一如我们事前的预期,将越来越

趋近于
$$\frac{1}{40}, \frac{1}{40}, \frac{1}{40}, \frac{1}{40}, \cdots, \frac{1}{40}。$$

也就是说,走到任何一个格子上的概率是相等的。从而借助于来自马尔可夫的一点小小帮助,我们证明了如此复杂的"大富翁"游戏从以下意义上来说是公平的,即从长远看来,走到任何一个特定格子上的机会不会比别的格子更多或更少。当然,第一个玩家仍有一些微利可图,但因其银行账户上的有限结余,区区微利也就不值一提。

正如我之前所说,只是在本游戏的理想版本中,概率的相等性才得以成立。下一章中我们将会看到,在真正的游戏中,这一结论并不成立。特别是真正的游戏中"进停留地"这一格子将使概率分布偏离均匀。事实上,"停留地"这一格子是人们最常去的地方——此事非常有趣,或许是不经意的商业写照——进入此格子的概率竟然高达5.89%,请将它同均匀分布值2.5%作一对比(如将"合理停留"与"停留地"区分开来,则概率值不是2.5%而是2.44%了)。不管是否有商业上的考虑,区分开来似乎更合理一些。下一个最有可能走进的格子是"特拉法尔加广场",概率为3.18%。进入最少的格子是从"起点"算起的第三个"机会",概率仅为0.871%,当然要除去"进停留地"这个不能真正停留的格子,因为你要转去"坐牢"了。

你们也可以将同样的分析应用到另外两种游戏:"蛇"与"爬扶梯"[①]上面。一旦进入蛇身,你就可以滑到它的尾巴;一旦登上扶梯,你就可以爬到顶上,到达终点后你就可以留在那里。在这些游戏中,经过长

[①] 参见《稳操胜券》,上海教育出版社出版。——译者注

期运作后的概率分布不存在等概率现象。你认为它会是什么呢?

这是一个比较棘手的问题,我建议你们用计算机模拟的办法来处理,除非你是矩阵代数的真正行家里手。如果你把"终点"格子还原为"起点"格子并继续运行,那么"蛇"与"爬扶梯"游戏棋盘上各个格子的长期概率分布又将是什么情况呢?

马尔可夫的矩阵戏法

设 M 为转换矩阵。第一步要算出被称为 M 的"特征值"的 40 个数的集合。(如果你将 40 个数分别写在网络的 40 个顶点上,且当将每个数六等分并让它们沿着从该顶点发出的、顺时针方向的 6 条线段流出去后,所得之数恰为原数的 m 倍,则数 m 就称为 M 的一个特征值。唔,这话听起来好啰唆,还是用符号表达更简洁些,即存在某个 v,使 $Mv=mv$。)不过,这里还有个小麻烦,那些数可以不再是概率(0 与 1 之间的实数),它们可以是复数,即用 $i=\sqrt{-1}$ 来表示的数。

顺便说一下,这 40 个数所形成的序列称为"特征向量"。

现在,马尔可夫告诉我们,只要在已经算出来的 40 个特征值中找出最大的那个就行了。这样一来,相应的特征向量便会非常接近你们期望中的长期概率分布。不过,特征向量必须经过"归一化",即它的所有数值之和应等于 1,就像真正的概率一样。(完成"归一化"只需把每一个数值除以总和即可。)

由于图 9.1 的旋转对称性,实际上很容易求出特征值与特征向量。特别地,其中一个特征向量看上去是:

它的所有 40 个数值全部等于 $\frac{1}{40}$。什么是它的特征值呢?好,让我们来看看。设想你从这一分布出发,把每一个 $\frac{1}{40}$ 六等分为 $\frac{1}{240}$,并将它们沿着 6

条顺时针方向线段——打发掉。每个顶点都会从它前面的6个顶点接受一份,从而总共得到$6 \times \frac{1}{240} = \frac{1}{40}$,与前面的一样。而这正是特征向量的作用,本例中特征值为1。

我不想告诉你们另外39个特征值了,对数学家来说,它们的表达式很美观(但只是对数学家而已)。计算结果表明,它们(严格说来,应是指绝对值)全都小于1。实际上,次大的一个特征值,其绝对值是0.964。因此,1就是最大的特征值,而与之相应的特征向量是

$$\frac{1}{40}, \frac{1}{40}, \frac{1}{40}, \frac{1}{40}, \cdots, \frac{1}{40}$$

它确实表达了长期运作后的概率分布。

答　案

在第三次掷骰子(幽灵步)时,我们把刚刚算出来的数列中的每一项都乘上 $\frac{1}{6}$,并将它们分别向右移动 $1,2,3,4,5,6$ 项。然后我们把每一个格子中的数统统加起来,就可以得出掷过三次骰子后的概率分布。

第 10 章
再探"大富翁"游戏

现在来探讨一下真实的"大富翁"游戏,它远为复杂得多,以致连马尔可夫链这样有力的方法也不能捕捉到每一个细微差别。但仍可以证明,进入最多的格子是"停留地",其概率大致为进入其他格子概率的两倍。进入最少的格子是第三个"机会"。在你试图用数学方法模拟不动产交易时,真正的乐趣开始出现了。你究竟应当在何时、何地造一栋房子或一家旅馆呢?

上一章我们探讨了简化版"大富翁"游戏的数学模型,研究了一个重要问题:每一位从"起点"格子出发的玩家产生的一连串概率最终是否可以拉平。我们的分析基于几个简化的假设:不考虑掷出相同点数的结果,忽略"进停留地"的操作,不理会"机会"卡片上的指令,等等。

当然,这根本不是真实的"大富翁"游戏的一种分析,我在1996年4月写下这篇专栏文章时也从未这样想过。文章发表后,"大富翁"游戏的粉丝们纷纷写信来表达他们的义愤,态度好坏不一,不过对我有利的是:一些有洞察力的"大富翁"游戏迷给我寄来了他们自己对于真实游戏所作的分析。我现在打算描述每一位明智人士赐予我的教诲和启迪,如同我在该年10月份所做过的那样。

你们很快就会看出,我在游戏的简化版中所用的分析方法只需略加修正即可把整套游戏规则包括进去。那么,为什么我不那样去做呢?对我用来分析它的数学工具来说,真实的游戏有点太杂乱无章了,作为启蒙的热身赛,我想最好还是选用较为简单但与之有关的问题。回顾一下我的基本思路:将"大富翁"游戏表示为马尔可夫链,列出概率转换矩阵,然后计算该矩阵的"特征值"与"特征向量"。于是由马尔可夫的理论可知,进入任一给定格子的长期概率由对应于最大特征值的特征向量给出。

简化模型有一种美妙的数学对称性,从而有可能**精确地**计算出特征值与特征向量。我并未把公式写给你们看,然而对称性已足以让我证明分量全都是 $\frac{1}{40}$ 的向量确实是特征值为 1 的特征向量,从而举例说明了马尔可夫理论的一个主要方面。接着我又断言,其他的一切特征值都比 1 小(可从精确公式导出),从而点出了证明的核心,即在简化模型中,棋盘上所有格子的长期概率全都是一样的。

那么,如此大刀阔斧的简化是否合理呢?一般来说,我的主要目标是要向你们展示:数学是**有趣的**,而实用性则排在第二,因此,有许多实际情况往往被忽略不计。譬如说,第 4 章讲到墨菲定律时假定吐司的厚度为零。真实情况下的吐司当然会有厚度,但这并不说明数学家连吐司是什么形状都搞不清楚。这仅仅意味着,在这个问题上,他们选择了这种省略复杂因素的手法。为了让我们讲述的数学故事尽可能简明易懂,也为了阐明对称性的作用,忽视"大富翁"游戏的若干规则是合情合理的。

不过,话得说回来,如果你试图了解**真实的**"大富翁"游戏,或者试图把数学应用于该游戏来证明其实用价值,那么忽视游戏规则就显得不合理了。我们现在就来干这件事,利用同样的原理,但要额外添加一大堆繁文缛节。简化模型采用了所有这些原理,人们很容易理解,且不涉及过多技术细节。

回顾一下:问题是在游戏已玩过多轮,概率已经平稳下来,趋近于

"稳定态"时,计算出进入某个特定格子的概率。我们仍然运用马尔可夫链的办法,但这次概率转换矩阵看起来不那么美观了,而且我们必须借助于计算近似的数值,而不是推出精确的计算公式。大多数来信者采用计算机代数合理地解决了问题,有人模拟了游戏的成千上万步,得出了一些经验数据。

范围最广的分析来自美国罗得岛州朴次茅斯市的巴特勒(William Butler)、华盛顿州枫树谷的波音公司工程师弗里德尔(Thomas H. Friddell),以及明尼苏达州诺思菲尔德圣奥拉夫学院数学系的阿博特(Stephen Abbot)及其同事里奇(Matt Richey)合作进行的研究。巴特勒写了一个Pascal程序,弗里德尔用的是Mathcad,阿博特则利用了Maple。以下的讨论是他们研究结果的一个综合。所有的"大富翁"游戏模型中都含有一些涉及模型细致程度的假设,不同的来信者在作出他们的假设时存在着细微的差别,我将忽略这些细微差别。

对我的简化模型的第一个修正是一个不漏地接受掷骰子的规则。同时掷两只骰子,如果掷出的点数相同,则玩家应该再掷一次;若连续三次掷出相同点数,则玩家就要进"停留地"。掷骰子本身就是一个微型马尔可夫链,可以用通常的方法去解决。图10.1揭示了结果,它表示从目前位置移动到某个给定距离处的概率。注意到最有可能到达的距离为7,但最远可能到达35(此时三次掷骰子的结果为6:6,6:6,6:5)。不过,移动到29格以外的概率微乎其微,图上已经看不出来了。

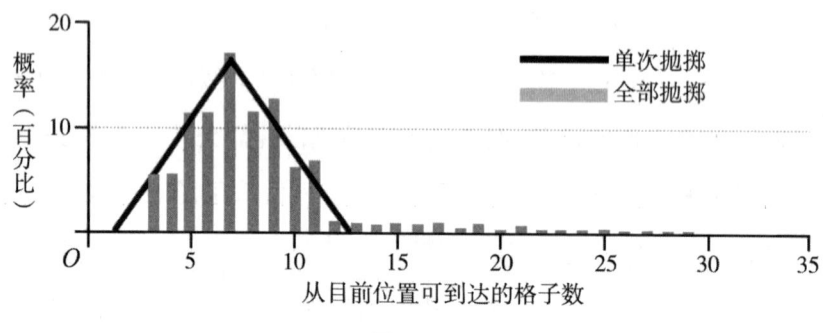

图10.1
一轮中按掷骰子结果所能到达格子的概率,包含掷出重复点数时的游戏规则

其次,"进停留地"的影响必须考虑进去。顺便提一下,停留地规则还产生了一个问题,因为玩家可以选择花钱离开或者待在那里尝试掷出相同点数。(甚至在游戏的后阶段,"停留地"可以成为逃避高租金的庇护所,玩家可以长期待在那里,并盼望自己不要掷出相同点数!)涉及这类选择的概率取决于玩家的心理素质与资金,从而是一种非马尔可夫过程。大部分的读者来信为了避开这一难点,都假设玩家不打算花钱离开。这样一来,"停留地"与其说是一个单纯的格子,毋宁说是一个马尔可夫子过程——这相当于玩家在三个格子里走动,从"刚进停留地"到"已经在停留地待了一轮"到"下一轮必须离开"。当然,进入"进停留地"这一格子的概率为0,因为没有人真的"待"在那里。

下一步是考虑"机会"与"公共基金"卡片的作用,修改概率转换矩阵。这类卡片有可能把某一玩家送进"停留地"或者棋盘上的其他格子。干这件事挺简单,只要统计一下把玩家送进某一格子的卡片占卡片总数的百分比就行。

建立起一个准确的转换矩阵之后,稳定态概率既可由特征值与特征向量的数值计算得出,也可通过计算经过成千上万步后形成的转换矩阵 M 的方幂 $M^2, M^3, \cdots$ 而得到。这两种方法在数学上是等价的,马尔可夫一般定理把 M 的方幂与最大特征值的特征向量联系了起来。

表10.1及图10.2给出了进入不同格子的概率,这些数据是百分数,准确到了9位有效数字。最具戏剧性的特征是,玩家们进入"停留地"这一格子的概率(5.89%)几乎是其他格子的两倍,下一个最有可能进入的是"特拉法尔加广场"(3.18%)。在与铁路有关的格子中,进入"沼泽地教堂街站"的可能性最大(3.06%),"国王十字车站"(2.99%)与"玛里利本车站"(2.91%)紧随其后,但进入"利物浦街站"的概率却要小得多(2.44%)。原因在于,同其他三个地方不一样,它并不出现在"机会"卡片上。在公用事业格子中,"自来水厂"胜出(2.81%),"电力公司"(2.62%)较为逊色。"起点"(3.11%)是名列第三位的最有可能进入的格子,而进入第三个"机会"格子的概率最小(0.87%)——"进停留地"这一格子除外,由于逻辑方面的原因,进入它的概率为0%。

表10.1　稳定态下进入任一格子的概率

格子	概率(%)
起点	3.113 802 817
老肯特路	2.152 421 585
公共基金	1.889 769 064
怀特查佩尔路	2.185 791 454
所得税	2.350 777 226
国王十字车站	2.993 126 856
伊斯林顿区安吉尔	2.285 359 460

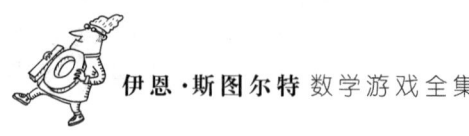

(续表)

格子	概率(%)
机会	0.876 026 565 8
尤斯顿路	2.347 010 651
本顿维尔路	2.330 647 102
合理停留/停留地	5.896 419 869
蓓尔美尔街	2.735 990 819
电力公司	2.627 460 909
白厅	2.385 532 814
诺森伯兰大街	2.467 374 766
玛里利本车站	2.918 611 720
博街	2.776 751 033
公共基金	2.571 806 811
马尔伯勒街	2.916 516 994
葡萄街	3.071 024 294
自由公园	2.874 825 933
斯特兰德大街	2.830 354 362
机会	1.047 696 537
舰队街	2.738 576 558
特拉法尔加广场	3.187 794 862
沼泽地教堂街站	3.063 696 501
莱斯特广场	2.706 510 944
考文垂大街	2.679 312 587
自来水厂	2.810 736 815
皮卡迪利大街	2.591 184 852
进停留地	0
摄政街	2.686 591 663
牛津大街	2.633 846 362

(续表)

格子	概率(%)
公共基金	2.376 569 966
邦德大街	2.510 469 546
利物浦街站	2.445 895 703
机会	0.871 502 910 9
公园巷	2.202 178 226
奢侈税	2.193 106 960
梅费尔区	2.646 925 903

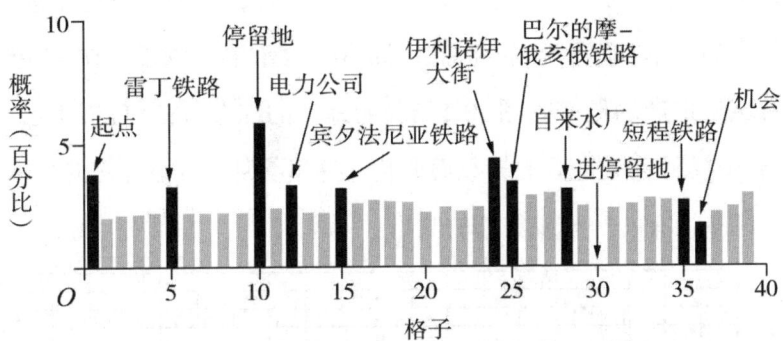

图10.2 稳定态下的概率分布

棋盘上的格子编号为1—40,直立矩形的高度为进入该格子的长期概率,对应的英国式名称请参见第9章的表9.1

弗里德尔更进一步分析了"大富翁"游戏的地产市场,这正是本游戏最诱人的魅力所在。他的目标是要找出买房子的盈亏平衡点(收入开始超过成本的阶段起始点),以及买进房子与旅馆的最优策略。地产市场的急切需要取决于玩家的人数,还有游戏规则的版本。假定一开始就能买房子,就像旨在速战速决的"简短游戏"的情况,于是便有一批一般原理露出水面:

- 尽管早期购房要花大钱，但如果你真的这样干，盈亏平衡点就会更快达到。
- 如果手头有两套或两套以下房子，则打破平衡大致需要20步或20步以上；若有三套房子在手，局面肯定会大大改善。
- 位于"舰队街"与"起点"之间的地产格子中，能为三套房子提供最早到来的盈亏平衡点的是"葡萄街"，它在10轮左右就能打破平衡。

比"舰队街"更远的地产并未被评估，弗里德尔说他之所以到此止步是因为他根本不想发表他的研究结果。下面讲一个弗里德尔地产分析技术的样本，应用于"葡萄街"。图10.3揭示了一位玩家在某一轮中持有该处地产的概率。图10.4则表明地产的综合价值（负值表示成本支出）怎样随着买进后的轮数而变化。这里叠加了6幅这样的插图，分别对应所持有的房子或旅馆的数目。

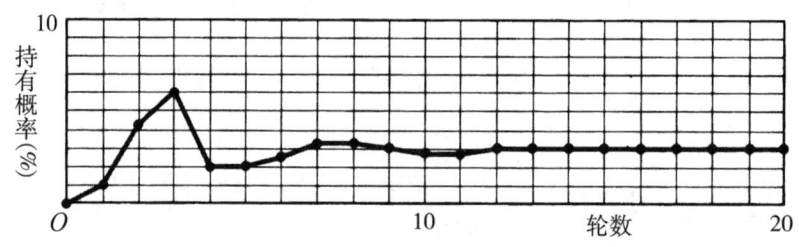

图10.3 在某一轮中持有"葡萄街"地产的概率

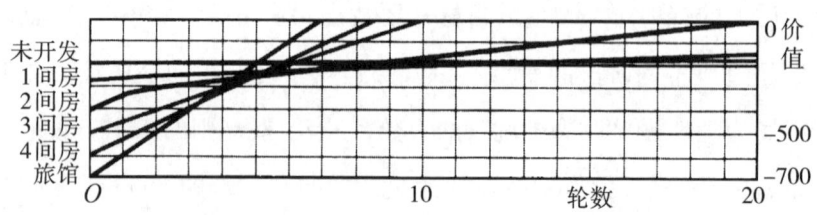

图10.4 "葡萄街"地产的平均现金流

反馈信息

许多其他读者也向我提供了一些有趣的资料,在此我只能简略地提几个。密苏里州马里兰海茨的帕登(Earl A. Paddon)的计算机模拟和康涅狄格州弗里敦市的魏布伦(David Weiblen)的计算证实了概率分布的模式。

由于所有玩家都将面对同样的状况,这些概率实际上对本游戏是否"公平"并无影响。(我是以一枚"均匀硬币"的标准来看待"公平"这一概念的,即没有偏见。不过这个概念值得讨论与澄清,如果你说得有道理,我将乐意接受。)倘若走进低概率格子的投资收益背离合适的比例,那就会产生问题。如果一位玩家凭借好运气在某种博弈游戏中获得了出格的巨大收益,那么这种游戏就是不公平的。不过,"大富翁"游戏并没有这种不公平存在。

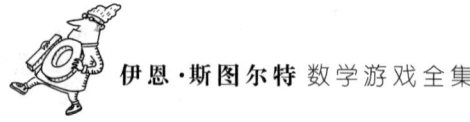

纽约州东锡托基特的莫斯科维茨（Bruce Moskowitz）则从另一角度对上述分析作了评论。

> 我在年轻时同兄弟及朋友们玩过许多次"大富翁"游戏，取得了共识，即那些标记为棕褐色的地产，"圣詹姆士广场""田纳西大街"和"纽约大街"（在英式棋盘上相应的地名为"博街""马尔伯勒街"和"葡萄街"）特别有价值，因为在告别"停留地"之后，进入其中之一的概率相对比较高。因为以上三处的概率值确实名列12个概率最大的清单之中。出于其他原因，还有几处别的地产的进入概率比正常情况略微高些。

马萨诸塞州坎布里奇市的西蒙（Jonathan Simon）在来信中指责了我提出的把较便宜的地产放在接近起点处有助于游戏公平的观点。

"大富翁"游戏是在经济大萧条时期由单独的设计者达罗(Charles Darrow)发明的,据说他拥有大量闲暇时间。在财富的困境中(棋盘插图中是个胖胖的有钱人),这实际上是一个穷人的游戏。在几乎所有的"大富翁"比赛中,那些"廉价"的地产才是最重要、最关键的东西。鉴于每个玩家的资金都很有限,只有在"纽约大街""弗吉尼亚大街""康涅狄格大街"(英式棋盘上的地名为"葡萄街""诺森伯兰大街""本顿维尔路")等街区,甚至包括"波罗的海大街"(英式棋盘上是"怀特查佩尔路")街区,才能够尽快地在游戏前阶段造起房子来,并打破盈亏平衡。至于那些"有利可图"的地产,价格实在太贵,想要在那里盖房子就更贵了,除非你已经拥有一批盖了房子的廉价地产。

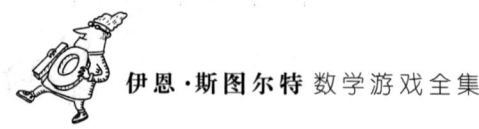

　　我接受他的观点，但我还是要争辩几句，在棋盘的前半部分放置非常有利可图的地产肯定是不公平的，根据魏布伦的判别标准，任何一个玩家不应当纯粹依靠运气而获得暴利。另外，我也不认为买进一大批廉价地产收取租金的做法是穷人的策略！

进阶读物

第1章

David Gale, More Paradoxes: Knowledge Games, *Mathematical Intelligencer* vol.16 no.4(1994)38—44.

J. M. Lasry, J. M. Morel, and S. Solimin, On knowledge games, *Revista Matematica de la Universidad Complutense de Madrid* vol.2(1989).

第2章

Martin Gardner, *Mathematical Puzzles and Diversions from Scientific American*, Bell, London 1961.

Russ Honsberger, *Mathematical Gems I*, Mathematical Association of America, Washington DC 1973.

Maurice Kraitchik, *Mathematical Recreations*, Allen and Unwin, London 1943.

第3章

Elwyn R. Berlekamp, John H. Conway, and Richard K. Guy, *Winning Ways* vol.2, Academic Press, New York 1982.

第 4 章

Robert Matthews, Tumbling toast, Murphy's Law, and the fundamental constants, *European Journal of Physics* vol.18(1995)172—176.

Robert Matthews, The science of Murphy's Law, *Scientific American*, (April 1997), 72—75.

第 5 章

Albert H. Beiler, *Recreations in the Theory of Numbers*, Dover, New York 1964.

David Fowler, *The Mathematics of Plato's Academy*, Oxford University Press, 1987.

Harry L. Nelson, A solution to Archimedes' Cattle Problem, *Journal of Recreational Mathematics* vol.13(1981)162—176.

C. Stanley Ogilvy, *Tomorrow's Math*(2nd ed.), Oxford University Press, New York 1972.

Ilan Vardi, Archimedes' Cattle Problem, *American Mathematical Monthly* vol.105 no.4(April 1998)305—319.

第 6 章

Hallard T. Croft, Kenneth J. Falconer, and Richard K. Guy, *Unsolved Problems in Geometry*, Springer-Verlag, New York 1991.

H. Joris, Le chasseur perdu dans la forêt, *Elementa Mathematicae* vol.35 (1980)1—14.

第7章

Greg N. Frederickson, *Dissections: Plane and Fancy*, Cambridge University Press, Cambridge 1997.

Harry Lindgren, *Geometric Dissections*, Van Nostrand, Princeton 1964.

Ian Stewart, *From Here to Infinity*, Oxford University Press, Oxford 1996.

Stan Wagon, *The Banach-Tarski Paradox*, Cambridge University Press, Cambridge 1985.

第8章

Mario Livio, *The Golden Ratio*, Broadway, New York 2002.

Benjamin M. M. de Weger, Padua and Pisa are exponentially far apart, *Publicacions Matemàtiques* vol.41(1997)631—651.

Math Hysteria:
Fun and Games With Mathematics
By
Ian Stewart
Copyright © Ian Stewart 2004
Simplified Chinese edition Copyright © 2025 by
Shanghai Scientific & Technological Education Publishing House Co., Ltd.
This translation is published by arrangement with Oxford University Press.
ALL RIGHTS RESERVED
上海科技教育出版社业经Andrew Nurnberg Associates International Ltd. 协助取得本书中文简体字版版权